模拟与数字电子技术实验教程
（第 2 版）

主　编　宋　军　徐　锋

副主编　吴海青　刘砚一　吴　寅

东南大学出版社
SOUTHEAST UNIVERSITY PRESS
·南京·

内 容 摘 要

该实验教程是近年来实验教学的总结和梳理。本书主要分为三个部分：第一部分是模拟电子技术实验，包括常用电子仪器的使用、晶体管共射极单管放大器、场效应管放大器、负反馈放大器、差分放大电路、运算放大器的基本运算电路、运算放大器的波形发生电路、有源滤波器、电压比较器、低频功率放大器、串联型晶体管稳压电源、集成稳压电源以及采用运放设计万用电表等；第二部分是数字电子技术实验，包括门电路逻辑功能测试及应用、组合逻辑电路实验分析、集成触发器的逻辑功能测试、计数器、施密特触发器及单稳态触发器、门电路搭建多谐振荡器、555型集成时基电路及其应用、移位寄存器及其使用、D/A 和 A/D 转换器等和部分设计性实验，如电子秒表设计、数字频率计设计、数字钟设计等；第三部分为附录，介绍了常用仪器如万用电表、双踪示波器、交流毫伏表、函数信号发生器的操作使用方法，以及电阻、电容、部分晶体管的辨识方法和命名规则等，并给出了常用的逻辑门电路的管脚图和部分逻辑电路图，除此之外，还介绍了仿真软件 Proteus 的入门使用方法。

本书内容丰富，可作为高等学校的电子信息、物联网、通信工程、自动控制、计算机等相关专业的实验实践环节教材，也可作为工程技术人员的参考资料。

图书在版编目(CIP)数据

模拟与数字电子技术实验教程 / 宋军，徐锋主编.
—2版. — 南京：东南大学出版社，2023.7(2024.6 重印)
ISBN 978-7-5766-0492-4

Ⅰ.①模… Ⅱ.①宋… ②徐… Ⅲ.①模拟电路-电子技术-实验-教材 ② 数字电路-电子技术-实验-教材
Ⅳ.①TN7-33

中国版本图书馆 CIP 数据核字(2022)第 231587 号

责任编辑：夏莉莉　　责任校对：杨　光　　封面设计：毕　真　　责任印制：周荣虎

模拟与数字电子技术实验教程(第 2 版)
Moni Yu Shuzi Dianzi Jishu Shiyan Jiaocheng(Di-er Ban)

主　　编	宋　军　徐　锋
出版发行	东南大学出版社
社　　址	南京市四牌楼 2 号(邮编：210096　电话：025-83793330)
经　　销	全国各地新华书店
印　　刷	广东虎彩云印刷有限公司
开　　本	787mm×1092mm　1/16
印　　张	11.75
字　　数	278 千字
版　　次	2023 年 7 月第 2 版
印　　次	2024 年 6 月第 2 次印刷
书　　号	ISBN 978-7-5766-0492-4
定　　价	36.00 元

本社图书若有印装质量问题，请直接与营销部联系，电话：025-83791830。

第 2 版前言

本书自第一版出版以来,受到同学们和同行、同事的颇多关注和关心,他们对本书提出了若干意见和建议,在此表示衷心的感谢。

动手能力的培养和锻炼是高等学校工科专业的核心内容之一,而课程配套实验和实践则是践行动手能力培养的重要环节。通过实验和实践,能够帮助工科学生进一步学习和运用理论知识来处理、解决实际问题,为今后走上工作岗位成为合格的工程师奠定基础。

本书编入模拟电路基础实验 13 个,数字电路基础实验 13 个。除传统的实验内容外,还增加了部分新的内容,以适应实践环节的需求。并在附录中添加了示波器、万用表、交流毫伏表、函数信号发生器等常用电子测量仪器的使用、操作方法,对常用电子元件,如电阻、电容、晶体管的辨识方法做了说明,对部分逻辑门电路的管脚做了标注以方便查阅。此外,由于 Proteus 仿真软件在模拟电路、数字逻辑电路以及后续课程中的应用越来越广泛,附录中还添加了 Proteus 软件的入门使用介绍,并在第一版的基础上加入了较多的数字电路、模拟电路和MCS-51 单片机的仿真部分,以期在需要时,同学们可以不受场所限制灵活地进行实验仿真和单片机的相关设计。

本书是编者近年来在实验教学的基础上总结编写而成的,由宋军老师负责编写数字电路实验和附录部分;徐锋、吴寅、吴海青老师负责编写模拟电路实验部分,徐锋老师同时负责其中电路图的绘制和仿真验证;刘云飞、封维忠老师对全书的内容进行了校对和审阅。无锡机电高等职业技术学校的王晓斐老师、金陵科技学院的胡国兵老师对本书的若干环节提出了宝贵意见和建议,在此表示感谢。最后宋军老师负责全书的统稿和协调工作。

由于编者的水平有限,加之时间仓促,书中难免有错误、不妥之处,衷心欢迎读者朋友,特别是使用本书的老师和同学们批评指正,提出改进意见,所有意见和建议可发送至 songjun@njfu.edu.cn。

编者

2023 年仲春于南京

目　　录

第一部分：模拟电子技术实验

第二部分:数字电子技术实验

第三部分：附　　录

模拟电子技术实验

实验一　常用电子仪器的使用

一、实验目的

1. 学习电子电路实验中常用的电子仪器——示波器、函数信号发生器、数字万用表、交流毫伏表等的主要技术指标、性能及正确使用方法；

2. 初步掌握用双踪示波器观察正弦信号波形和读取波形参数的方法。

二、实验设备与器件

1. 函数信号发生器；

2. 双踪示波器；

3. 交流毫伏表；

4. 数字万用表；

5. 模拟电路实验箱及电阻器、电容器若干。

三、实验原理

在模拟电子电路实验中，经常使用的电子仪器有示波器、函数信号发生器、数字万用表、交流毫伏表等。正确使用它们，可以完成对模拟电子电路的静态和动态工作情况的测试。

实验中要对各种电子仪器进行综合使用，可按照信号流向，以连线简洁、调节顺手、观察与读数方便等为原则进行合理布局，各仪器与被测实验装置之间的布局与连接如图 1.1 所示。接线时应注意，为防止外界干扰，各仪器的公共接地端(GND)应连接在一起，称共地。信号源和交流毫伏表的引线通常用屏蔽线或专用电缆线，示波器接线使用专用电缆线，直流电源的接线用普通导线。

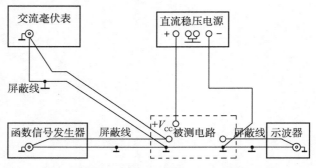

图 1.1　模拟电子电路中常用电子仪器布局图

1. 示波器

本书附录 2 对 GOS-652G 型双踪示波器的原理和使用作了较详细的说明,现着重指出下列几点:

1) 寻找扫描光迹点

在开机半分钟后,如仍找不到光点,可调节亮度 INTEN 旋钮,并置"CH1""CH2"于"GND"位置,从中判断光点位置,然后适当调节垂直($\uparrow\downarrow$)和水平($\leftrightarrows$)移位旋钮,将光点移至荧光屏的中心位置。

2) 为显示稳定的波形,需注意示波器面板上的下列几个控制开关(或旋钮)的设置位置。

(1) 扫描速率 TIME/DIV——它的位置应根据被观察信号的周期来确定。

(2) 触发源 SOURCE 常选为内触发(CH1,CH2,LINE)。

(3) 触发方式——通常可先置于"自动 AUTO"位置,以便找到扫描线或波形,如波形稳定情况较差,再置于"常态 NORM"位置,但必须同时调节触发电平旋钮,使波形稳定。

3) 示波器有四种显示方式

单踪显示有 CH1、CH2、ADD;双踪显示为 DUAL,同时显示两个波形。

4) 在测量波形的幅值时,应注意 Y 轴灵敏度微调旋钮置于校准位置(顺时针旋到底)。

2. 函数信号发生器

函数信号发生器按需要可输出正弦波、方波、三角波三种信号波形。输出信号电压精度可由输出幅度调节旋钮进行连续调节。输出信号电压频率可以通过频率分挡开关进行调节,并由频率计读取频率值。

函数信号发生器作为信号源,它的输出端不允许短路。

3. 交流毫伏表

交流毫伏表只能在其工作频率范围内,用来测量正弦交流电压的有效值。为了防止过载损坏,测量前一般先把量程开关置于较大位置处,然后在测量中逐挡减小量程。

接通电源后,将输入端短接,进行调零,然后断开短路线,即可进行测量。

四、实验内容

1. 测量示波器内的校准信号

用示波器自带校准信号($f=1$ kHz,准确度±2%,幅度 $2U_{pp}$ 方波)对示波器进行自检。

1) 调出"校准信号"波形

(1) 将示波器校准信号输出端通过专用电缆线与 Y_A(或 Y_B)输入插口接通,调节示波器各有关旋钮,将触发方式开关置于"自动 AUTO"位置,触发源选择开关置于"CH1,CH2,LINE",对校准信号的频率和幅值正确选择扫描速率 TIME/DIV 及 Y 轴灵敏度 VOLTS/DIV 的位置,则在荧光屏上可显示出一个或数个周期的方波。

(2) 分别将触发方式选择为 AUTO、NORM、SINGLE,并同时调节触发电平旋钮,体会三种触发方式的操作特点。

2) 校准"校准信号"幅度

将 Y 轴灵敏度微调旋钮置于校准位置(顺时针旋到底),再把 Y 轴灵敏度开关置于适当位置,读取校准信号幅度,记入表 1.1。

3) 校准"校准信号"频率

将扫描速率微调旋钮置于校准位置,扫描速率开关置于适当位置,读取校准信号频率,记入表 1.1。

4) 测量"校准信号"的上升时间和下降时间

调节 Y 轴灵敏度开关位置及微调旋钮,并移动波形,使方波波形在垂直方向上正好占据中心轴上,且上下对称,便于阅读。通过调节扫描速率开关逐级提高扫描速度,使波形在 X 轴方向扩展[必要时可以利用扫速倍率(×10 MAG)开关将波形再扩展 10 倍],并同时调节触发电平旋钮,从荧光屏上清楚地读出上升时间和下降时间,记入表 1.1。

表 1.1

测试项目	标准值	实测值
幅度/V	$2U_{pp}$(U_{pp}为峰-峰值)	
频率/kHz	1	
上升时间/μs	≤2	
下降时间/μs	≤2	

2. 用示波器和交流毫伏表测量信号参数

用函数信号发生器输出频率分别为 100 Hz、1 kHz、10 kHz、100 kHz,峰-峰值均为 1 V 的正弦波信号。

改变示波器扫描速率旋钮及 Y 轴灵敏度旋钮的位置,测量信号源输出信号的频率、峰-峰值及有效值,记入表 1.2。

特别说明:有效值可以用交流毫伏表测量,也可以用数字万用表的交流电压挡测量。

3. 测量两波形间相位关系

1) 观察双踪示波器显示波形

将 CH1 和 CH2 同时按下,Y_A、Y_B 均不加输入信号,分别将扫描速率旋钮置于较低挡位(如 0.2 s/div)和较高挡位(如 5 μs/div),观察两条扫描线的显示特点并记录在表 1.2 中。

表 1.2

信号频率	示波器测量值		毫伏表测量值(有效值)/mV	示波器测量值
	周期/ms	频率/Hz		峰-峰值/V
100 Hz				
1 kHz				
10 kHz				
100 kHz				

2) 用双踪示波器测量两波形间相位关系

(1) 按图 1.2 连接实验电路,将函数信号发生器的输出信号调至频率为 1 kHz,幅值为 2 V 的正弦波,经图 1.2 中的 RC 移相网络获得频率相同但相位不同的两路信号 u_i 和 u_R,分别加到双踪示波器的 Y_A 和 Y_B 输入端。

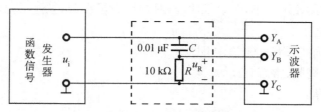

图 1.2 两波形间相位差测量电路

（2）将 Y_A 和 Y_B 输入耦合方式开关置于"GND"挡位，调节 Y_A、Y_B 的 ↑↓ 移位旋钮，使两条扫描基线重合，再将 Y_A、Y_B 输入耦合方式开关置于"AC"挡位，调节扫描速率开关及 Y_A、Y_B 灵敏度开关位置，此时在荧光屏上将显示出 u_i 和 u_R 两个相位不同的正弦波形，如图 1.3 所示。

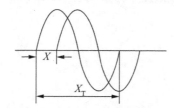

图 1.3 双踪示波器显示两个相位不同的正弦波

此时，两波形相位差为：

$$Q = \frac{X(\text{div})}{X_T(\text{div})} \times 360°$$

式中：X_T——一个周期所占刻度的格数；X——两波形在 X 轴方向相距的格数。

记录两波形相位差于表 1.3 中。

表 1.3

一个周期格数	两波形在 X 轴方向相距格数	相位差	
		实测值	计算值
$X_T=$	$X=$	$Q=$	$Q=$

表 1.3 中，相位差的计算值参考公式（即计算值公式）为：

$$u_R = \frac{R}{R + [1/(j\omega C)]} \cdot u_i$$

将电阻、电容和信号频率数据代入上式后即可求得 u_i 和 u_R 的相位差。

为读数和计算方便，可适当调节微调旋钮，使波形的一个周期占整数格。

五、实验报告

1. 整理实验数据，并进行分析。

2. 问题讨论。

1）示波器采用"高频""常态""自动"三种触发方式有什么区别？通过实验对它们的操

作特点及适用场合加以总结。

2) 用双踪示波器显示波形,并要求比较相位时,为了在荧光屏上得到稳定波形,应怎样选择下列开关的位置?

(1) 示波模式选择(CH1、CH2、ADD);

(2) 触发方式(高频、常态、自动);

(3) 触发源选择。

六、预习要求

1. 阅读附录 2 中有关示波器操作部分的内容。

2. 已知 $C=0.01~\mu F$、$R=10~k\Omega$,计算图 1.2 中 RC 移相网络的阻抗角 θ。

实验二　晶体管共射极单管放大器

一、实验目的

1. 学会放大器静态工作点的调试方法,分析静态工作点对放大器性能的影响;
2. 掌握放大器电压放大倍数、输入电阻、输出电阻及最大不失真输出电压的测试方法。

二、实验设备与器件

1. 模拟电路实验箱;
2. 函数信号发生器;
3. 双踪示波器;
4. 交流毫伏表;
5. 数字万用电表;
6. 电阻器、电容器若干。

三、实验原理

图 2.1 为基极分压式射极偏置单管放大电路,它的偏置电路采用 R_{B1} 和 R_{B2} 组成的分压电路,并在发射极中接射极负载电阻 R_E(由 R_{E1} 和 R_{E2} 组成),以稳定放大器的静态工作点。当在放大器的输入端加入信号后,在放大器的输出端便可得到一个与输入信号相位相反、幅值被放大了的输出信号,从而实现了电压放大。

在图 2.1 的电路中,当流过偏置电阻 R_{B1} 和 R_{B2} 的电流远大于晶体管 T 的基极电流 I_B 时(一般为 5～10 倍),则它的静态工作点可用下式估算:

$$U_{BQ} \approx \frac{R_{B2}}{R_{B1}+R_{B2}} \cdot V_{CC}$$

$$I_{EQ} = \frac{U_{BQ}-U_{BEQ}}{R_E} \approx I_C$$

$$U_{CE} = V_{CC} - I_C \cdot (R_C + R_E)$$

电压放大倍数:

$$A_u = -\beta \cdot \frac{R_C \parallel R_L}{r_{be}}$$

输入电阻:

$$R_i = R_{B1} \parallel R_{B2} \parallel r_{be}$$

输出电阻:

$$R_o \approx R_C$$

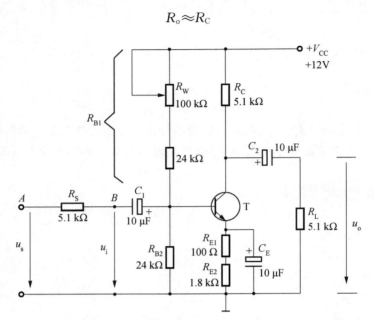

图 2.1　基极分压式单管放大器实验电路

由于电子器件性能的分散性比较大,因此在设计和制作晶体管放大电路时,离不开测量和调试技术。在设计前应测量所用元件的参数,为电路设计提供必要的依据,在完成设计和装配以后,还必须测量和调试放大器的静态工作点和各项性能指标。一个优质放大器,必定是理论设计与实验调整相结合的产物。因此,除了学习放大器的理论知识和设计方法外,还必须掌握必要的测量和调试技术。

放大器的测量和调试一般包括:放大器静态工作点的测量与调试,消除干扰与自激振荡及放大器各项动态参数的测量与调试等。

1. 放大器静态工作点的测量与调试

1) 静态工作点的测量

测量放大器的静态工作点,应在输入信号 $u_i = 0$ 的情况下进行,即将放大器输入端与地短接,然后选用量程合适的万用表,分别测量晶体管的集电极电流 I_C 以及各电极对地的电位 U_{BQ}、U_{CQ}、U_{EQ}。一般实验中,为了避免断开集电极,所以采用测量电压后再算出 I_C 的方法。例如,只要测出 U_E,即可用 $I_C \doteq I_E = U_E/R_E$ 算出 I_C(也可根据 $I_C = (V_{CC} - U_C)/R_C$,由 U_C 确定 I_C),同时也能算出 $U_{BE} = U_B - U_E$,$U_{CE} = U_C - U_E$。为了减小误差,提高测量精度,应选用内阻较高的直流电压表,如数字万用表。

2) 静态工作点的调试

放大器静态工作点的调试是指对晶体管集电极电流 I_C(或 U_{CE})的调整与测试。

静态工作点是否合适,对放大器的性能和输出波形都有很大影响。如果静态工作点偏高,放大器在加入交流信号以后易产生饱和失真,此时 u_o 的负半周将被削底,如图 2.2(a)所示；如果静态工作点偏低，则易产生截止失真，即 u_o 的正半周被缩顶（一般截止失真不如饱和失真明显），如图 2.2(b)所示。这些情况都不符合不失真放大的要求。所以在选定工作点以后还必须进行动态调试，即在放大器的输入端加入一定的输入电压 u_i，检查输出电压 u_o 的大小和波形是否满足要求。如不满足，则应调节静态工作点的位置。

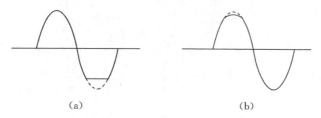

图 2.2　静态工作点对输出波形的影响

改变电路参数 V_{CC}、R_C、R_B（R_{B1}、R_{B2}）都会引起静态工作点的变化，如图 2.3 所示。但通常多采用调节上偏置电阻 R_{B1} 的方法来改变静态工作点，如减小 R_{B1}，则可使静态工作点提高等。

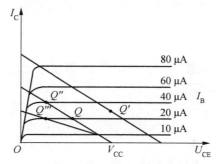

图 2.3　电路参数对静态工作点的影响

最后还要说明的是，上面所说的工作点"偏高"或"偏低"不是绝对的，应该是相对于信号的幅度而言，如输入信号的幅度很小，即使工作点较高或较低也不一定会出现失真。所以确切地说，产生波形失真是信号幅度与静态工作点设置配合不当所致。如需满足较大幅度信号的要求，静态工作点最好尽量靠近交流负载线的中点。

2. 放大器动态指标测试

放大器动态指标包括电压放大倍数、输入电阻、输出电阻、最大不失真输出电压（动态范围）和通频带等。

1) 电压放大倍数 A_u 的测量

调整放大器到合适的静态工作点，然后加入输入电压 u_i，在输出电压 u_o 不失真的情况下，用交流毫伏表或用万用表交流电压挡测出 u_i 和 u_o 的有效值 U_i 和 U_o，则

$$A_u = \frac{U_o}{U_i}$$

2) 输入电阻 R_i 的测量

为了测量放大器的输入电阻，按图 2.4 的电路在被测放大器的输入端与信号源之间串入一已知电阻 R_S，在放大器正常工作的情况下，用交流毫伏表测出 u_s 和 u_i 的有效值 U_s、U_i，

则根据输入电阻的定义可得

$$R_i = \frac{U_i}{I_i} = \frac{U_i}{u_R/R_S} = \frac{U_i}{U_s - U_i} \cdot R_S$$

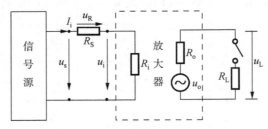

图 2.4　输入、输出电阻测量电路

测量时应注意：

（1）由于电阻 R_S 两端没有电路公共接地点，所以测量 R_S 两端电压 u_R 时必须分别测出 u_s 和 u_i，然后按 $u_R = u_s - u_i$ 求出 u_R 的值。

（2）电阻 R_S 的值不宜取过大或过小，以免产生较大的测量误差，通常取 R_S 与 R_i 为同一数量级，本实验可取 $R_S = 5 \sim 10$ kΩ。

3）输出电阻 R_o 的测量

按图 2.4 所示电路，在放大器正常工作条件下，测出输出端不接负载 R_L 的输出电压 u_o 和接入负载后的输出电压 u_L，根据

$$u_L = \frac{R_L}{R_o + R_L} \cdot u_o$$

即可求出 R_o：

$$R_o = \left(\frac{u_o}{u_L} - 1 \right) \cdot R_L$$

在测试中应注意，必须保持 R_L 接入前后输入信号的幅度大小不变。

4）最大不失真输出电压 u_{opp} 的测量（最大动态范围）

如上所述，为了得到最大动态范围，应将静态工作点调在交流负载线的中点。为此在放大器正常工作情况下，逐步增大输入信号的幅度，并同时调节 R_W（改变静态工作点），用示波器观察 u_o，当输出波形同时出现削底和缩顶现象（如图 2.5 所示）时，说明静态工作点已调在交流负载线的中点。然后反复调整输入信号，使波形输出幅度最大，且无明显失真时，用交流毫伏表测出 U_o（有效值），则动态范围等于 $2\sqrt{2}U_o$，或用示波器直接读出 U_{opp}。

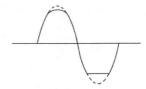

图 2.5　Q 点正常，输入信号太大引起的失真

5）放大器频率特性的测量

放大器的频率特性是指放大器的电压放大倍数 A_u 与输入信号频率 f 之间的关系曲线。单管阻容耦合放大电路的幅频特性曲线如图 2.6 所示，A_{um} 为中频电压放大倍数，通常规定电压放大倍数随频率变化下降到中频放大倍数的 $1/\sqrt{2}$，即 $0.707\ A_{um}$ 所对应的频率分别称为下限频率 f_L 和上限频率 f_H，则通频带 $B_W = f_H - f_L$。

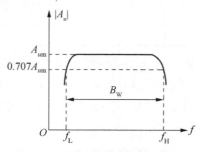

图 2.6　幅频特性曲线

放大器的幅频特性就是测量不同频率信号时的电压放大倍数 A_u。为此，可采用前述测量 A_u 的方法，每改变一个信号频率，测量其相应的电压放大倍数，测量时应注意取点要恰当，在低频段与高频段应多测几点，在中频段可以少测几点。此外，在改变频率时，要保持输入信号的幅度不变，且输出波形不得失真。

四、实验内容

实验电路如图 2.1 所示。各电子仪器可按实验一中图 1.1 所示方式连接，为防止干扰，各仪器的公共端必须连在一起，同时信号源、交流毫伏表和示波器的引线应采用专用电缆线或示波器探头，如使用屏蔽线，则屏蔽线应接在公共接地端上。

1. 测量静态工作点

接通电源前，先将电位器 R_W 调至最大，使输入端与地线短接。接通 $+12\ V$ 电源，调节 R_W，使发射极电位 $U_E = 2\ V$，用直流电压表测量三极管的基极电位和集电极电位 U_B 和 U_C，然后，断开电源，使 R_{B1} 开路，用万用电表测量 R_{B1} 的值。最后将测量结果记入表 2.1。

表 2.1　$U_E = 2\ V$

测量值				计算值		
U_B/V	U_E/V	U_C/V	$R_{B1}/k\Omega$	U_{BE}/V	U_{CE}/V	I_C/mA
	2					

计算值：$U_{BE} = U_B - U_E$，$U_{CE} = U_C - U_E$，$I_C = \dfrac{V_{CC} - U_C}{R_C}$

2. 测量电压放大倍数

在放大器输入端加上频率为 $1\ kHz$ 的正弦信号 u_i，调节函数信号发生器的输出旋钮使 $U_{ipp} = 20\ mV$，同时用示波器观察放大器输出电压 u_o 的波形，在波形不失真的条件下用交流毫伏表测量下述三种情况下 u_o 的有效值 U_o,并用双踪示波器观察 u_i 和 u_o 的相位关系,记入表 2.2(U_{ipp} 为峰-峰值,有效值可用万用表的交流电压挡直接测量)。

表 2.2 $U_E = 2$ V $U_{ipp} = 20$ mV

$R_C/k\Omega$	$R_L/k\Omega$	U_o/V	A_u	记录一组 u_o 和 u_i 波形
5.1	5.1			
5.1	∞(开路)			
2.4	∞(开路)			

3. 观察静态工作点对电压放大倍数的影响

置 $R_C = 5.1$ kΩ,$R_L = ∞$(即负载开路),u_i 适量,调节 R_W,用示波器监视输出电压波形,在 u_o 不失真的条件下,测量数组 U_E 和 U_o 值,记入表 2.3。测量 U_E 时,要先断开信号源,并将放大器输入端与地线短接(使 $u_i = 0$)。

表 2.3 $R_C = 5.1$ kΩ;$R_L = ∞$;$U_{ipp} = 20$ mV

U_E/V	1.0	1.5	2.0	2.5	3.0
U_o/V					
A_u					

4. 观察静态工作点对输出波形的影响

置 $R_C = 5.1$ kΩ,$R_L = ∞$,$u_i = 0$,调节 R_W 使 $U_E = 2$ V,测出 U_{CE} 的值,再逐步加大输入信号,使输出电压 u_o 波形足够大但不失真(用示波器观察)。然后保持输入信号不变,分别增大和减小 R_W,使波形出现饱和失真和截止失真,绘出 u_o 的波形,并测出失真情况下的 U_E 和 U_{CE} 值,记入表 2.4 中。每次测 U_E 和 U_{CE} 值时都要将信号源断开,并将放大器输入端与地线短接。

表 2.4 $R_C = 5.1$ kΩ;$R_L = ∞$;$U_{ipp} = \underline{\qquad}$ mV

U_E/V	U_{CE}/V	u_o 波形	失真情况	三极管工作区域
2.0				

5. 测量最大不失真输出电压

置 $R_C = 5.1$ kΩ,$R_L = 5.1$ kΩ,按照实验内容 4 中所述方法,同时调节输入信号的幅度和电位器 R_W,用示波器测量 U_{opp},用交流毫伏表测量 U_{om}(最大不失真输出电压),记入表 2.5中。

表 2.5 $R_C = 5.1$ kΩ;$R_L = 5.1$ kΩ

U_E/V	U_{im}/mV	U_{om}/V	U_{opp}/V

6. 测量输入电阻和输出电阻

置 $R_C = 5.1$ kΩ,$R_L = 5.1$ kΩ,$U_E = 2.0$ V。输入 $f = 1$ kHz 的正弦信号,在输出电压 u_o

不失真的情况下，用交流毫伏表测出 u_s、u_i 和 u_L 的有效值 U_s、U_i、U_L，记入表 2.6。保持 u_s 不变，断开 R_L，测量输出电压 u_o 的有效值 U_o，记入表 2.6。

表 2.6　$R_C = 5.1\ \text{k}\Omega; R_L = 5.1\ \text{k}\Omega; U_E = 2\ \text{V}$

U_s/mV	U_i/mV	$R_i/\text{k}\Omega$		U_L/V	U_o/V	$R_o/\text{k}\Omega$	
		测量值	计算值			测量值	计算值

计算值：$R_i = \dfrac{U_i}{U_s - U_i} R_S$

7. 测量幅频特性曲线

置 $R_C = 5.1\ \text{k}\Omega$，$R_L = 5.1\ \text{k}\Omega$，$U_E = 2.0\ \text{V}$。保持输入信号 u_i（或 u_s）的幅度不变，改变信号源频率 f，逐点测出相应的输出电压 u_o 的有效值 U_o，记入表 2.7。

表 2.7　$U_i = $ _____ mV

f/kHz	f_0	f_L	f_H
U_o/V			
$A_u = U_o/U_i$			

为了使频率 f 取值合适，可先粗测一下，找出中频范围，然后再仔细读数。

说明：本实验内容较多，其中 6、7 可作为选做内容。

五、实验报告

1. 列表整理测量结果，并把实测的静态工作点、电压放大倍数、输入电阻、输出电阻的值与理论计算值比较（取一组数据进行比较），分析产生误差的原因。

2. 总结 R_C、R_L 及静态工作点对放大器电压放大倍数、输入电阻、输出电阻的影响。

3. 讨论静态工作点变化对放大器输出波形的影响。

4. 分析讨论在调试过程中出现的问题。

六、预习要求

1. 阅读教材中有关单管放大电路的内容并估算实验电路的性能指标。假设：三极管 3DG6 的 $\beta = 100$，$R_{B2} = 200\ \text{k}\Omega$，$R_{B1} = 60\ \text{k}\Omega$，$R_C = 5.1\ \text{k}\Omega$，$R_L = 5.1\ \text{k}\Omega$。估算放大器的静态工作点、电压放大倍数 A_u、输入电阻 R_i 和输出电阻 R_o。

2. 能否用直流电压表直接测量晶体管的 U_{BE}？为什么实验中要采用测 U_B 和 U_E，再间接算出 U_{BE} 的方法？

3. 怎样测量 R_{B2} 的阻值？

4. 当调节上偏置电阻 R_{B1}，使放大器输出波形出现饱和或截止失真时，晶体管的管压降

U_{CE}怎样变化?

5. 改变静态工作点对放大器的输入电阻 R_i 是否有影响? 改变外接电阻 R_L 对输出电阻 R_o 是否有影响?

6. 在测试 A_u、R_i 和 R_o 时怎样选择输入信号的幅度大小和频率? 为什么信号频率一般选1 kHz,而不选 100 kHz 或更高?

7. 测试中,如果将函数信号发生器、交流毫伏表、示波器任一仪器的两个测试端子接线换位(即各仪器的接地端不再连在一起),将会出现什么问题?

实验三　场效应管放大器

一、实验目的

1. 了解结型场效应管的性能和特点；
2. 进一步熟悉放大器动态参数的测试方法。

二、实验设备与器件

1. 函数信号发生器；
2. 双踪示波器；
3. 交流毫伏表；
4. 数字万用表；
5. 结型场效应管 3DJ6F，以及电阻器、电容器等。

三、实验原理

场效应管是一种电压控制器件，按结构可分为结型和绝缘栅型两种类型。由于场效应管栅源之间处于绝缘或反向偏置，所以输入电阻很高（一般可达上百兆欧），且场效应管是一种多数载流子控制器件，因此热稳定性好，抗辐射能力强，噪声系数小，加之制造工艺简单，便于大规模集成，因此得到越来越广泛的应用。

结型场效应管的特性和参数：场效应管的特性主要有输出特性和转移特性。图 3.1 所示为 N 沟道结型场效应管 3DJ6F 的输出特性和转移特性曲线。

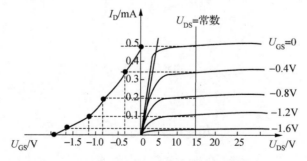

图 3.1　3DJ6F 的输出特性和转移特性曲线

结型场效应管直流参数主要有饱和漏极电流 I_{DSS}、夹断电压 U_P 等；交流参数主要有低频跨导

$$g_{\mathrm{m}}=\frac{\Delta I_{\mathrm{D}}}{\Delta U_{\mathrm{GS}}}\bigg|_{U_{\mathrm{DS}}=常数}$$

表 3.1 列出了 3DJ6F 的典型参数值及测试条件。

表 3.1

参数名称	饱和漏极电流 I_{DSS}/mA	夹断电压 U_{P}/V	跨导 $g_{\mathrm{m}}/(\mu\mathrm{A/V})$
测试条件	$U_{\mathrm{DS}}=10$ V $U_{\mathrm{GS}}=0$ V	$U_{\mathrm{DS}}=10$ V $I_{\mathrm{DS}}=50$ μA	$U_{\mathrm{DS}}=10$ V $I_{\mathrm{DS}}=3$ mA $f=1$ kHz
参数值	$1\sim3.5$	$<\lvert-9\rvert$	>100

1. 场效应管放大器性能分析

图 3.2 为结型场效应管组成的共源极放大电路。

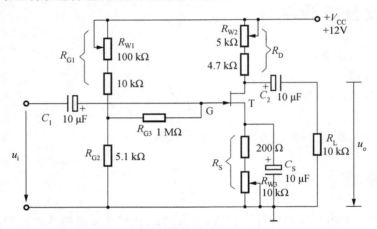

图 3.2　结型场效应管共源极放大电路

其静态工作点：

$$U_{\mathrm{GS}}=U_{\mathrm{G}}-U_{\mathrm{S}}=\frac{R_{\mathrm{G2}}}{R_{\mathrm{G1}}+R_{\mathrm{G2}}}V_{\mathrm{CC}}-I_{\mathrm{D}}R_{\mathrm{S}}$$

$$I_{\mathrm{D}}=I_{\mathrm{DSS}}\left(1-\frac{U_{\mathrm{GS}}}{U_{\mathrm{P}}}\right)^{2}$$

中频电压放大倍数：

$$A_u=-g_{\mathrm{m}}R'_{\mathrm{L}}=-g_{\mathrm{m}}R_{\mathrm{D}}\parallel R_{\mathrm{L}}$$

输入电阻：

$$R_{\mathrm{i}}=R_{\mathrm{G3}}+R_{\mathrm{G1}}\parallel R_{\mathrm{G2}}$$

输出电阻：

$$R_{\mathrm{o}}\approx R_{\mathrm{D}}$$

式中跨导 g_{m} 可由特性曲线用作图法求得，或用公式

$$g_m = \frac{-2I_{DSS}}{U_P}\left(1-\frac{U_{GS}}{U_P}\right)$$

计算。但要注意，计算时 U_{GS} 要用静态工作点处的数值。

2. 输入电阻的测量方法

场效应管放大器的静态工作点、电压放大倍数和输出电阻的测量方法与实验二中晶体管放大器的测量方法相同。其输入电阻的测量，从原理上讲，也可采用实验二中所述方法，但由于场效应管的输入电阻 R_i 比较大，如直接测量输入电压 u_i，则限于测量仪器的输入电阻有限，必然会带来较大的误差。因此为了减小误差，常利用被测放大器的隔离作用，通过测量输出电压 u_o 来计算输入电阻。测量电路如图 3.3 所示。在放大器的输入端串入电阻 R，把开关 K 掷向位置 1($R=0$)，测量放大器的输出电压 $u_{o1}=A_u u_s$，保持 u_s 不变，再把 K 掷向位置 2(即接入 R)，测量放大器的输出电压 u_{o2}，由于两次测量中 A_u 和 u_s 保持不变，故

$$u_{o2}=A_u u_i=\frac{R_i}{R+R_i}u_s A_u$$

由此可求出

$$R_i=\frac{u_{o2}}{u_{o1}-u_{o2}}R$$

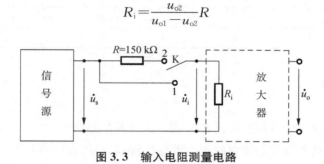

图 3.3　输入电阻测量电路

四、实验内容

1. 静态工作点的测量与调整

1) 按图 3.2 连接电路，接通 +12 V 电源，用直流电压表测量 U_G、U_S 和 U_D。检查静态工作点是否在特性曲线放大区的中间部分。若合适，则把结果记入表 3.2。

2) 若不合适，则适当调整 R_{G1} 和 R_S，调好后，再测量 U_G、U_S 和 U_D，记入表 3.2。

表 3.2

测量值						计算值		
U_G/V	U_S/V	U_D/V	U_{DS}/V	U_{GS}/V	I_D/mA	U_{DS}/V	U_{GS}/V	I_D/mA

2. 电压放大倍数 A_u、输入电阻 R_i 和输出电阻 R_o 的测量

1) A_u 和 R_o 的测量

在放大器的输入端加上 $f=1$ kHz 的正弦信号，u_{ipp} 的范围为 50～100 mV，并用示波器监视输出电压 u_o 的波形。在输出电压 u_o 没有失真的条件下，用交流毫伏表分别测量 $R_L=$

∞和 $R_L = 10\ \text{k}\Omega$ 的输出电压 u_o 的有效值 U_o(注意:保持 u_i 不变),记入表3.3。用示波器同时观察 u_i 和 u_o 的波形,描绘并分析它们的相位关系。

表 3.3

测量值		计算值			u_o 和 u_i 波形
U_i/V	U_o/V	A_u	$R_o/\text{k}\Omega$	$\bar{R}_o/\text{k}\Omega$	
$R_L = \infty$					
$R_L = 10\ \text{k}\Omega$					

2) 输入电阻 R_i 的测量

按图3.3改接实验电路,选择合适大小的输入电压 u_s(约 $50 \sim 100\ \text{mV}$),将开关K掷向1,测出 $R=0$ 时的输出电压 u_{o1} 的有效值 U_{o1},然后将开关掷向位置2(接入 R),保持 u_s 不变,再测出 u_{o2} 的有效值 U_{o2},根据公式 $R_i = \dfrac{U_{o2}}{U_{o1} - U_{o2}} R$ 求出 R_i,记入表3.4。

表 3.4

测量值			计算值
U_{o1}/V	U_{o2}/V	$R/\text{k}\Omega$	$R_i/\text{k}\Omega$

五、实验报告

1. 整理实验数据,将测得的 A_u、R_i、R_o 和理论计算值进行比较。
2. 把场效应管放大器与晶体管放大器进行比较,总结场效应管放大器的特点。

六、预习要求

1. 复习有关场效应管部分内容,并分别用图解法与计算法估算管子的静态工作点(根据实验电路参数),求出工作点处的跨导 g_m。
2. 场效应管放大器输入回路的电容 C_1 为什么可以取得小一些? C_1 可以取多大?
3. 在测量场效应管静态工作电压 U_{GS} 时,能否用直流电压表直接并在 G、S 两端测量?为什么?
4. 为什么测量场效应管输入电阻时要用测量输出电压的方法?

实验四　负反馈放大器

一、实验目的

加深理解放大电路中引入负反馈的方法和负反馈对放大器各项性能指标的影响。

二、实验设备与器件

1. 模拟电路实验箱；
2. 函数信号发生器；
3. 双踪示波器；
4. 交流毫伏表；
5. 数字万用表；
6. 3DG6 型三极管、电阻器、电容器若干。

三、实验原理

负反馈有着非常广泛的应用。虽然它使放大器的放大倍数降低，但它能在多方面改善放大器的动态指标，如稳定增益，改变输入、输出电阻，减小非线性失真，扩展通频带和抑制环内噪声等。因此，几乎所有的实用放大器都带有负反馈。

负反馈放大电路有四种组态，即电压串联负反馈，电压并联负反馈，电流串联负反馈和电流并联负反馈。本实验以电压串联负反馈为例，分析负反馈对放大器各项性能指标的影响。

图 4.1 为带有负反馈的两级阻容耦合放大电路，在电路中通过 R_f 把输出电压 u_o 引回到输入端，加在晶体管 T_1 的发射极上，在发射极电阻 R_{F1} 上形成负反馈电压 u_f。根据反馈的判断方法可知，它属于电压串联负反馈。

1. 负反馈放大电路的主要性能指标如下：

1) 闭环放大倍数 A_{uf}

$$A_{uf} = \frac{A_u}{1 + A_u F_u}$$

其中 $A_u = U_o / U_i$ 为基本放大器（无反馈）的电压放大倍数，即开环电压放大倍数。

2) 反馈深度 $1 + A_u F_u$，它的大小决定了负反馈对放大器性能改善的程度。

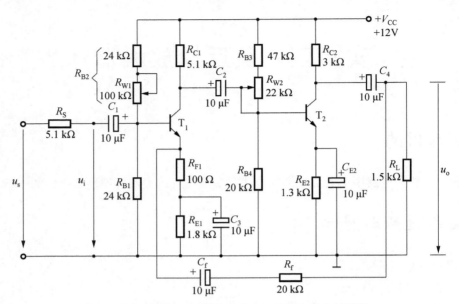

图 4.1　带有电压串联负反馈的两级阻容耦合放大器

3) 反馈系数

$$F_u = \frac{R_{F1}}{R_f + R_{F1}}$$

4) 输入电阻

$$R_{if} = (1 + A_u F_u) R'_i$$

其中,R'_i 是基本放大器的输入电阻(不包括偏置电阻)。

5) 输出电阻

$$R_{of} = \frac{R_o}{1 + A_{uo} \cdot F_u}$$

其中,R_o 是基本放大器的输出电阻,A_{uo} 是基本放大器负载开路 $R_L = \infty$ 时的电压放大倍数。

2. 本实验还需要测量基本放大器的动态参数,怎样实现无反馈而得到基本放大器呢?不能简单地断开反馈支路,要去掉反馈作用,把反馈网络的影响(负载效应)考虑到基本放大器中去。为此:

1) 在画基本放大器的输入回路时,因为是电压负反馈,所以可将负反馈放大器的输出端交流短路,即令 $u_o = 0$,此时 R_f 相当于并联在 R_{F1} 上。

2) 在画基本放大器的输出回路时,由于输入端是串联负反馈,因此需要将反馈放大器的输入端(T_1 管的发射极)开路,此时($R_f + R_{F1}$)相当于并联在输出端。可近似认为 R_f 并联在输出端。

根据上述规律,就可得到如图 4.2 所示符合要求的基本放大器。鉴于 $R_f \gg R_{F1}$、$R_f \gg R_L$,可将图 4.2 近似为图 4.3。

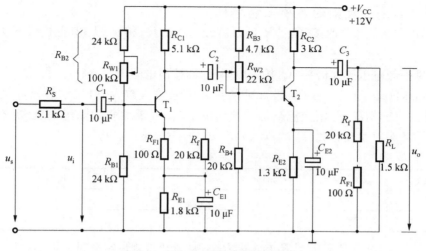

图 4.2　图 4.1 等效的基本放大器

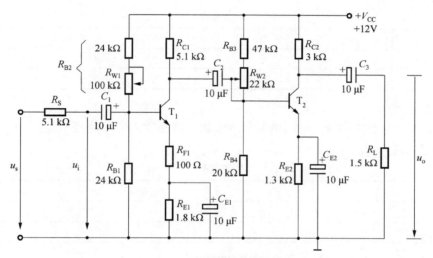

图 4.3　近似等效基本放大电路

四、实验内容

1. 测量静态工作点

按图 4.1 连接实验电路,取 $V_{CC}=+12$ V,$u_i=0$,用直流电压表分别测量第一级、第二级的静态工作点,记入表 4.1。

表 4.1

	U_B/V	U_E/V	U_C/V	I_C/mA
第一级				
第二级				

2. 测试基本放大器的各项性能指标

将实验电路按图 4.2 改接,即把 R_f 断开后分别并在 R_{F1} 和 R_L 上,其他连线不动,取 $V_{CC} = +12\ V$。

1) 测量中频电压放大倍数 A_u,输入电阻 R_i 和输出电阻 R_o。

以 $f = 1\ kHz$,$u_{ipp} = 20\ mV \sim 40\ mV$ 的正弦信号输入放大器,用示波器监视输出波形 u_o,在 u_o 不失真的情况下,用交流毫伏表测量 u_s、u_i、u_L(带负载的输出电压)的有效值 U_s、U_i、U_L,记入表 4.2(负反馈时 u_{ipp} 的范围为 $50\ mV \sim 100\ mV$)。

表 4.2

放大器类别	U_s/mV	U_i/mV	U_L/V	A_u	$R_i/k\Omega$	$R_o/k\Omega$
基本放大器						
负反馈放大器						

保持 u_s 不变,断开负载电阻 R_L(注意,R_f 不要断开),测量空载时的输出电压 u_o(不带负载)的有效值 U_o,记入表 4.3。

表 4.3

放大器类别	U_s/mV	U_i/mV	U_o/V	A_u	$R_i/k\Omega$	$R_o/k\Omega$
基本放大器						
负反馈放大器						

2) 测量通频带

接上 R_L,保持 1)中的 u_s 不变,然后分别增加和减小输入信号的频率,找出上、下限频率 f_H 和 f_L,记入表 4.4。

表 4.4

	f_L/kHz	f_H/kHz	$\Delta f/kHz$
基本放大器			
负反馈放大器			

3. 测试负反馈放大器的各项性能指标

将实验电路恢复为图 4.1 的负反馈放大电路,适当加大 u_i(约 15 mV),在输出波形不失真的条件下,测量负反馈放大器的 A_{uf}、R_{if} 和 R_{of},记入表 4.2;测量 f_H 和 f_L,记入表 4.4。

*4. 观察负反馈对非线性失真的改善

实验电路改接成基本放大器形式,在输入端加入 $f = 1\ kHz$ 的正弦信号,输出端接示波器,逐渐增大输入信号的幅度,使输出波形出现失真,记下此时的波形和输出电压的幅度。

再将实验电路改接成负反馈放大器形式,增大输入信号幅度,使输出电压幅度的大小与实验内容 2 中的 1)相同,比较有负反馈时,输出波形的变化。

五、实验报告

1. 将基本放大器和负反馈放大器动态参数的实测值和理论估算值列表进行比较。
2. 根据实验结果,总结电压串联负反馈对放大器性能的影响。

六、预习要求

1. 复习教材中有关负反馈放大器的内容。

2. 按实验电路图 4.1 估算放大器的静态工作点（$\beta_1 = \beta_2 = 100$）。

3. 怎样把负反馈放大器改接成基本放大器？为什么要把 R_f 并接在输入和输出端？

4. 估算基本放大器的 A_u，输入电阻 R_i 和输出电阻 R_o；估算负反馈放大器的 A_{uf}、R_{if} 和 R_{of}，并验算它们之间的关系。

5. 如按深度负反馈估算，则闭环电压放大倍数 A_{uf} 是多少？和测量值是否一致？为什么？

6. 如输入信号存在失真，能否用负反馈来改善？

7. 怎样判断放大器是否存在自激振荡？如何进行消振？

实验五　差分放大电路

一、实验目的

1. 加深对差分放大器性能及特点的理解；
2. 学习差分放大器主要性能指标的测试方法。

二、实验设备与器件

1. 模拟电路实验箱；
2. 函数信号发生器；
3. 双踪示波器；
4. 交流毫伏表和数字万用表；
5. 三极管 3DG6 三个、电阻器和电容器若干。

三、实验原理

图 5.1 是差分放大器的基本结构。它由两个元件参数相同的基本共射极放大电路组成(俗称"面对面"对称)。当开关 K 拨向左边时,构成典型的差分放大器。调零电位器 R_W 用来调节 T_1、T_2 管的静态工作点,使得输入信号 $u_i = 0$ 时,双端输出电压 $u_o = 0$。R_E 为两管共用的发射极电阻,它对差模信号无反馈作用,因而不影响差模电压放大倍数,但对共模信号有较强的负反馈作用,故可以有效地抑制零漂,稳定静态工作点。

当开关 K 拨向右边时,构成具有恒流源的差分放大器。它用晶体管恒流源代替发射极电阻 R_E,可以进一步提高差分放大器抑制共模信号的能力。图中电位器 R_W 的作用是补偿两个三极管参数的不对称性。

1. 静态工作点的估算
典型电路:

$$I_E = \frac{|V_{EE}| - U_{BE}}{R_E} \qquad (认为 U_{B1} = U_{B2} \approx 0)$$

$$I_{C1} = I_{C2} = \frac{1}{2} I_E$$

恒流源电路:

$$I_{C3} \approx I_{E3} \approx \frac{\frac{R_2}{R_1 + R_2} \times (V_{CC} + |V_{EE}|) - U_{BE}}{R_{E3}}$$

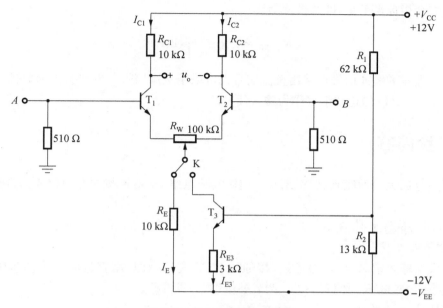

图 5.1　差分放大器实验电路

$$I_{C1} = I_{C2} = \frac{1}{2} I_{E3}$$

2. 差模电压放大倍数和共模电压放大倍数

当差分放大器的发射极电阻 R_E 足够大,或采用恒流源电路时,差模电压放大倍数 A_d 由输出方式决定,而与输入方式无关。

双端输出:$R_E = \infty$,R_W 在中心位置,则有:

$$A_d = \frac{\Delta u_o}{\Delta u_i} = -\frac{\beta \cdot R_{C1}（或 R_{C2}）}{r_{be} + \frac{1}{2} \cdot (1+\beta) \cdot R_W}$$

单端输出:

$$A_{d1} = \frac{\Delta u_{C1}}{\Delta u_i} = \frac{1}{2} A_d$$

$$A_{d2} = \frac{\Delta u_{C2}}{\Delta u_i} = -\frac{1}{2} A_d$$

当输入共模信号时,若为单端输出,则有:

$$A_{c1} = A_{c2} = \frac{\Delta u_{C1}}{\Delta u_i} = \frac{-\beta \cdot R_{C1}（或 R_{C2}）}{r_{be} + (1+\beta) \cdot \left(\frac{1}{2}R_W + 2R_E\right)} \approx -\frac{R_{C1}（或 R_{C2}）}{2R_E}$$

若为双端输出,在理想情况下 $A_c = \dfrac{\Delta u_o}{\Delta u_i} = 0$

实际上由于元件不可能完全对称,因此 A_c 也不会绝对等于零。

3. 共模抑制比 K_{CMRR}

为了表征差分放大器对有用信号(差模信号)的放大作用和对共模信号的抑制能力,通

常用一个综合指标来衡量,即共模抑制比:

$$K_{CMRR} = 20\lg \left| \frac{A_d}{A_c} \right| \text{(dB)}$$

差分放大器的输入信号可采用直流信号也可采用交流信号。本实验由函数信号发生器提供频率 $f = 1$ kHz 的正弦信号作为输入信号。

四、实验内容

典型差分放大器性能测试:按图 5.1 连接实验电路,开关 K 拨向左边构成典型差分放大器。

1. 测量静态工作点

1) 调节放大器零点

将放大器输入端 A、B 与地短接,接通 ± 12 V 直流电源,用直流电压表测量输出电压 U_o,调节调零电位器 R_W,使 $U_o = 0$。调节要仔细,力求准确。

2) 测量静态工作点

零点调好以后,用直流电压表测量 T_1、T_2 管各电极电位及发射极电阻 R_E 两端电压 U_{R_E},记入表 5.1。

表 5.1

	类型	U_{C1}/V	U_{B1}/V	U_{E1}/V	U_{C2}/V	U_{B2}/V	U_{E2}/V	U_{R_E}/V
测量值	典型差分放大电路							
	具有恒流源差分放大电路							
计算值	类型	I_C/mA		I_B/mA			U_{CE}/V	
	典型差分放大电路							
	具有恒流源差分放大电路							

2. 测量差模电压放大倍数

将函数信号发生器的输出端接放大器输入 A 端,地端接放大器输入 B 端,构成双端输入方式(注意:此时信号源浮地),调节输入信号频率 $f = 1$ kHz 的正弦信号,逐渐增大输入电压 u_i(约 100 mV),在输出波形无失真的情况下,用交流毫伏表测 U_i、U_{c1}、U_{c2}(有效值),记入表 5.2 中,并观察 u_i,u_{c1},u_{c2} 之间的相位关系及 U_{R_E} 随 u_i 变化而变化的情况。(如测 U_i 时因有浮地干扰,可分别测 A 点和 B 点对地电压,两者之差为 U_i)。

3. 测量共模电压放大倍数

将放大器 A、B 短接,信号源接 A 端与地之间,构成共模输入方式,调节输入信号 $f = 1$ kHz,$U_i = 1$ V,在输出电压无失真的情况下,测量 u_{c1}、u_{c2} 的有效值 U_{c1}、U_{c2} 记入表 5.2,并观察 u_i,u_{c1},u_{c2} 之间的相位关系及 U_{R_E} 随 u_i 变化而变化的情况。

$$A_d = 2A_{d1} = A_{d1} + A_{d2}, A_c = |A_{c1} - A_{c2}|$$

4. 具有恒流源的差分放大器性能测试

将图 5.1 电路中开关 K 拨向右边,构成具有恒流源的差分放大电路。重复实验内容

1～3,并将测试数据分别记入表 5.1 和 5.2。

表 5.2

测量值	典型 差分放大电路		具有恒流源的 差分放大电路	
	双端输入	共模输入	双端输入	共模输入
U_i	100 mV	1 V	100 mV	1 V
U_{c1}/V				
U_{c2}/V				
$A_{d1}=\dfrac{U_{c1}}{U_i}$				
$A_d=\dfrac{U_o}{U_i}$				
$A_{c1}=\dfrac{U_{c1}}{U_i}$				
$A_c=\dfrac{U_o}{U_i}$				
$K_{CMRR}=\dfrac{A_{d1}}{A_{c1}}$				

五、实验报告

1. 整理实验数据,列表比较实验结果和理论估算值,分析误差原因。

2. 计算静态工作点和差模电压放大倍数,典型差分放大电路单端输入时的 K_{CMRR} 实测值与理论值比较。

3. 比较典型差分放大电路单端输入时的 K_{CMRR} 实测值与具有恒流源的差分放大器的 K_{CMRR} 实测值。

4. 比较 u_i,u_{c1} 和 u_{c2} 之间的相位关系,并根据实验结果,总结电阻 R_E 和恒流源的作用。

六、预习要求

1. 根据实验电路参数,估算典型差分放大器和具有恒流源的差分放大器的静态工作点及差模电压放大倍数(取 $\beta_1=\beta_2=100$)。

2. 测量静态工作点时,放大器输入端 A、B 与地应如何连接?

3. 实验中怎样获得双端和单端输入差模信号?怎样获得共模信号?画出 A、B 端与信号源之间的连接图。

4. 思考怎样进行静态调零点?用什么仪表测 u_o?怎样用交流毫伏表测双端输出电压 u_o?

实验六　运算放大器的基本运算电路

一、实验目的

1. 研究集成运算放大器组成的比例运算、加法、减法和积分等基本运算电路的功能；
2. 了解运算放大器在实际应用时应考虑的一些问题。

二、实验设备

1. 函数信号发生器；
2. 交流毫伏表；
3. 数字万用表；
4. 集成运算放大器 μA741、电阻器和电容器若干。

三、实验原理

集成运算放大器实质上是一种具有高电压放大倍数的直接耦合多级放大电路。当外部接入不同的线性或非线性元器件组成输入和负反馈电路时，可以灵活地实现各种特定的函数关系。在线性应用方面，可组成比例、加法、减法、积分、微分、对数等模拟运算电路。

本实验采用的集成运放型号为 μA741(或 F007)，引脚排列如图 6.1 所示。它是八脚双列直插式组件，2 脚和 3 脚为反相和同相输入端，6 脚为输出端，7 脚和 4 脚为正、负电源端，1 脚和 5 脚之间可接入一只 100 kΩ 的电位器 R_W 并将滑动触头接到负电源端，8 脚为空脚。

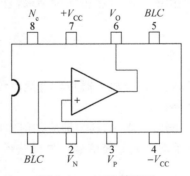

图 6.1　μA741 管脚图

表 6.1(注:简易应用时,1 和 5 可悬空)

管脚	1,5	2	3	4	6	7	8
用途	balance	$-u$	$+u$	$-V_{CC}$	u_o	$+V_{CC}$	N_c
说明	平衡	反相	同相	负电源	输出	正电源	空

1．反相比例运算电路

反相比例运算电路如图 6.2 所示。对于理想运放，该电路的输出电压与输入电压之间的关系为：

$$u_o = -\frac{R_f}{R_1}u_i$$

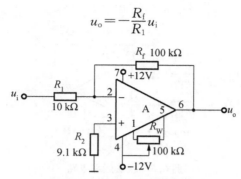

图 6.2 反相比例运算电路

为了减小输入级偏置电流引起的运算误差，在同相输入端应接入平衡电阻 $R_2 = R_1 \parallel R_f$。

2．同相比例运算电路

图 6.3(a)是同相比例运算电路，它的输出电压与输入电压之间的关系为：

$$u_o = \left(1 + \frac{R_f}{R_1}\right)u_i, \quad R_2 = R_1 \parallel R_f$$

当 $R_1 \to \infty$ 时，$u_o = u_i$，即得到如图 6.3(b)所示的电压跟随器。图中 $R_2 = R_f$，用以减小漂移和起保护作用。一般 R_f 取 100 kΩ，R_f 太小起不到保护作用，太大则影响跟随性。

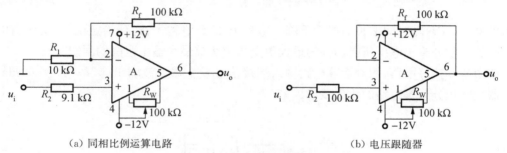

(a) 同相比例运算电路　　　　　　　　　　　　(b) 电压跟随器

图 6.3 同相比例运算电路

3．反相加法运算电路

反相加法运算电路如图 6.4 所示，输出电压与输入电压之间的关系为：

$$u_o = -\left(\frac{R_f}{R_1}u_{i1} + \frac{R_f}{R_2}u_{i2}\right), \quad R_3 = R_1 \parallel R_2 \parallel R_f$$

图 6.4 反相加法运算电路

4. 减法运算电路

对于图 6.5 所示的减法运算电路,当 $R_1=R_2$,$R_3=R_f$ 时,有如下关系式:

$$u_o = \frac{R_f}{R_1}(u_{i2} - u_{i1})$$

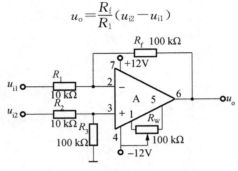

图 6.5　减法运算电路

5. 积分运算电路

反相积分运算电路如图 6.6 所示。在理想化条件下,输出电压 u_o 等于

$$u_o(t) = -\frac{1}{R_1 C}\int_0^t u_i(t) \cdot dt + u_C(0)$$

式中 $u_C(0)$ 是 $t=0$ 时刻电容 C 两端的电压值,即初始值。

如果 $u_i(t)$ 是幅值为 E 的阶跃电压,并设 $u_C(0)=0$,则

$$u_o(t) = -\frac{E}{R_1 C} \cdot t$$

即输出电压 $u_o(t)$ 随时间增长而线性下降。显然 $R_1 C$ 数值越大,达到给定的 u_o 值所需的时间就越长。积分输出电压所能达到的最大值受集成运放最大输出范围的限制。

按图 6.6 接好电路,积分运算电路输入端接信号发生器方波输出,频率为 1 000 Hz,用示波器观察积分运算电路的输出波形。

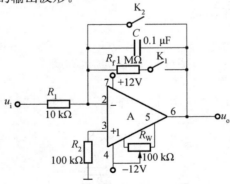

图 6.6　积分运算电路

四、实验内容

为提高运算精度,在运算前,应当对直流输出电位进行调零,即保证输入为零时,输出也

为零。将输入端接地,用直流电压表测量输出电压 U_o,调节 R_W,使 U_o 为零。

实验前要看清运放组件各管脚的位置,切忌正、负电流极性接反和输出端短路,否则将会损坏集成块。

1. 反相比例运算电路

1)按图 6.2 连接实验电路,接通 ±12 V 电源,输入端对地短路,进行调零。

2)输入 $f=100$ Hz,$U_{ipp}=0.5$ V(峰-峰值)的正弦交流信号,测量相应的 U_o(有效值),并用示波器观察 u_o 和 u_i 的相位关系,记入表 6.2。

表 6.2　$f=100$ Hz, $U_{ipp}=0.5$ V

U_i/V	U_o/V	u_i 波形	u_o 波形	A_u	
				实测值	计算值

2. 同相比例运算电路

1)按图 6.3(a)连接实验电路,接通 ±12 V 电源,输入端对地短路,进行调零。

2)输入 $f=100$ Hz,$U_{ipp}=0.5$ V(峰-峰值)的正弦交流信号,测量相应的 U_o(有效值),并用示波器观察 u_o 和 u_i 的相位关系,记入表 6.3。

表 6.3　$f=100$ Hz, $U_{ipp}=0.5$ V

U_i/V	U_o/V	u_i 波形	u_o 波形	A_u	
				实测值	计算值

3. 反相加法运算电路

1)按图 6.4 连接实验电路,调零。

2)输入信号采用直流信号,直流信号源分别由信号源模块上 DDS1 和 DDS2 提供。实验时要注意选择合适的直流信号幅度以确保集成运放工作在线性区。用直流电压表测量输入电压 U_{i1}、U_{i2} 及输出电压 U_o,记入表 6.4。

表 6.4

U_{i1}/V				
U_{i2}/V				
U_o/V				

4. 减法运算电路

1)按图 6.5 连接实验电路,调零。

2)采用直流输入信号,实验步骤同内容 3,记入表 6.5。

表 6.5

U_{i1}/V				
U_{i2}/V				
U_o/V				

5. 积分运算电路

实验电路如图 6.6 所示。

1) 打开 K_2,闭合 K_1,对运放输出进行调零。

2) 调零完成后,再打开 K_1,闭合 K_2,使 $u_C(0)=0$。

3) 预先调好峰值为 2 V 的方波,接入实验电路,再打开 K_2,记录输出电压 u_o 的波形及周期。

五、实验报告

1. 整理实验数据,画出波形图(注意波形间的相位关系)。

2. 将理论计算结果和实测数据相比较,分析误差产生原因。

3. 讨论实验中出现的现象和问题。

六、预习要求

1. 复习集成运放线性应用部分内容,并根据实验电路参数计算各电路输出电压的理论值。

2. 在反相加法器中,如 U_{i1} 和 U_{i2} 均采用直流信号,并选定 $U_{i2}=-1$ V,当考虑到运算放大器的最大输出幅度 ± 12 V 时,$|U_{i1}|$ 的大小不应超过多少伏?

3. 在积分电路中,如 $R_1=100$ kΩ,$C=4.7$ μF,求时间常数。假设 $U_i=0.5$ V,问要使输出电压 U_o 达到 5 V,需多长时间(设 $U_C(0)=0$)?

实验七　运算放大器的波形发生电路

一、实验目的

1. 学习用集成运放设计正弦、方波和三角波发生器；
2. 学习波形发生器的调整和主要性能指标的测试方法。

二、实验设备与器件

1. 模拟电路实验箱；
2. 双踪示波器；
3. 交流毫伏表；
4. 数字万用表；
5. 运放 μA741 以及电阻器、电容器若干。

三、实验原理

由集成运放构成的正弦波、方波和三角波发生器有多种形式，本实验选用最常用的，线路比较简单的几种电路进行分析。

1. *RC* 桥式正弦波振荡器（文氏电桥振荡器）

图 7.1 为 *RC* 桥式正弦波振荡器。其中 *RC* 串、并联电路构成正反馈支路。同时兼作选频网络，R_1、R_2、R_w 及二极管等元件构成负反馈和稳幅环节。调节电位器 R_w，可以改变负反馈深度，以满足振荡的振幅条件和改善波形。利用两个反向并联二极管 D_1、D_2 正向电阻的非线性特性来实现稳幅。D_1、D_2 采用硅管（温度稳定性好），且要求特性匹配，才能保证输出波形正、负半周对称。R_3 的接入是为了削弱二极管非线性的影响，以改善波形失真。

电路的振荡频率为：

$$f_0 = \frac{1}{2\pi RC}$$

起振的幅值条件：

$$R_f / R_1 \geqslant 2$$

式中，$R_f = R_w + R_2 + (R_3 \parallel r_D)$，$r_D$ 表示二极管正向导通电阻。

调整反馈电阻 R_f（即调 R_w），使电路起振，且波形失真最小。如不能起振，则说明负反馈太强，应适当加大 R_f。如波形失真严重，则应适当减小 R_f。

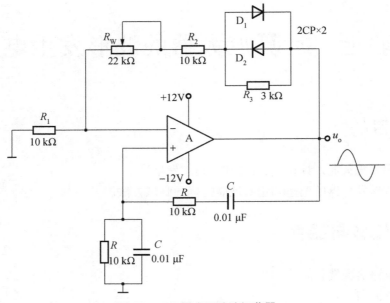

图 7.1　*RC* 桥式正弦波振荡器

　　改变选频网络的参数 *C* 或 *R*,即可调节振荡频率。一般采用改变电容 *C* 作频率量程切换,而调节 *R* 作量程内的频率细调。

　　2. 方波-三角波发生器

　　由集成运放构成的方波发生器和三角波发生器,一般均包括比较器和 *RC* 积分器两大部分。图 7.2 所示为由滞回比较器及简单 *RC* 积分电路组成的方波-三角波发生器。它的特点是线路简单,但三角波的线性度较差。主要用于产生方波,或对三角波要求不高的场合。

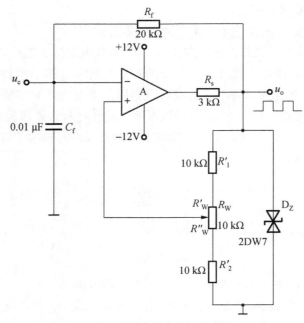

图 7.2　方波-三角波发生器

该电路的振荡频率：

$$f_o = \frac{1}{2R_f C_f \ln\left(1 + \frac{2R_2}{R_1}\right)}$$

式中，$R_1 = R'_1 + R'_w$，$R_2 = R'_2 + R''_w$。

方波的输出幅值：

$$U_{om} = \pm U_Z$$

三角波的输出幅值：

$$U_{om} = \frac{R_2}{R_1 + R_2} U_Z$$

调节电位器 R_w（即改变 R_2/R_1），可以改变振荡频率，但三角波的幅值也随之变化。如要互不影响，则可通过改变 R_f（或 C_f）来实现振荡频率的调节。

3. 改善的三角波和方波发生器

如把滞回比较器和积分器首尾相接形成正反馈闭环系统，如图 7.3 所示，则比较器输出的方波经积分器积分可得到三角波，三角波又触发比较器自动翻转形成方波，这样即可构成三角波、方波发生器。由于采用运放组成的积分电路，因此可实现恒流充电，使三角波线性大大改善。

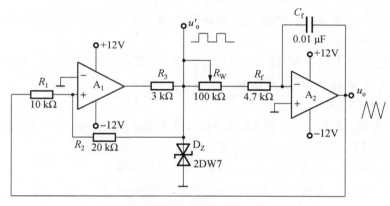

图 7.3　改善的三角波和方波发生器

电路的振荡频率：

$$f_o = \frac{R_2}{4R_1(R_f + R_w)C_f}$$

方波的幅值：

$$U_{om} = \pm U_Z$$

三角波的幅值：

$$U_{om} = \frac{R_1}{R_2} U_Z$$

调节 R_w 可以改变振荡频率,改变比值 R_1/R_2 可调节三角波的幅值。

四、实验内容

1. RC 桥式正弦波振荡器

按图 7.1 连接实验电路,输出端接示波器。

1) 接通 ± 12 V 电源,调节电位器 R_w,使输出波形从无到有,从正弦波到出现失真。描绘 u_o 的波形,记下临界起振,正弦波输出及失真情况下的 R_w 值,分析负反馈强弱对起振条件及输出波形的影响。

2) 调节电位器 R_w,使输出电压 u_o 幅值最大且不失真,用交流毫伏表分别测量输出电压 u_o,反馈电压 V_+ 和 V_-,分析研究振荡的幅值条件。

3) 用示波器测量振荡频率 f_o,然后在选频网络的两个电阻 R 上并联同一阻值的电阻,观察并记录振荡频率的变化情况,并与理论值进行比较。

4) 断开二极管 D_1、D_2,重复步骤 2)的内容,将测试结果与步骤 2)的进行比较,分析 D_1、D_2 的稳幅作用。

2. 方波-三角波发生器

按图 7.2 连接实验电路。

1) 将电位器 R_w 调至中心位置,用双踪示波器观察并描绘方波输出电压 u_o 及三角波输出电压 u_c 的波形(注意对应关系),测量其幅值及频率并记录。

2) 改变 R_w 动点的位置,观察 u_o、u_c 幅值及频率变化的情况。把动点调至最上端和最下端,测出频率范围并记录。

3) 将 R_w 恢复至中心位置,将一只稳压管短接,观察 u_o 波形,分析 D_z 的限幅作用。

3. 改善的三角波和方波发生器

按图 7.3 连接实验电路。

1) 将电位器 R_w 调至合适位置,用双踪示波器观察并描绘三角波输出电压 u_o 及方波输出电压 u',测其幅值、频率及 R_w 值并记录。

2) 改变 R_w 的位置,观察其对 u_o、u' 幅值及频率的影响。

3) 改变 R_1(或 R_2),观察其对 u_o、u' 幅值及频率的影响。

五、实验报告

1. RC 桥式正弦波振荡器

1) 列表整理实验数据,画出波形,把实测频率与理论值进行比较。

2) 根据实验分析 RC 振荡器的振幅条件。

3) 讨论二极管 D_1、D_2 的稳幅作用。

2. 方波-三角波发生器

1) 列表整理实验数据,在同一坐标纸上,按比例画出方波和三角波的波形图(标出时间和电压幅值)。

2）分析 R_W 变化时，其对 u_o 波形的幅值及频率的影响。

3）讨论 D_Z 的限幅作用。

3. 改善的三角波和方波发生器

1）整理实验数据，把实测频率与理论值进行比较。

2）在同一坐标纸上，按比例画出三角波及方波的电压波形，并标明时间和电压幅值。

3）分析电路参数变化（R_1、R_2 和 R_W）对输出波形频率及幅值的影响。

六、预习要求

1. 复习有关 RC 桥式正弦波振荡器、三角波及方波发生器的工作原理，并估算图 7.1、图 7.2、图 7.3 电路的振荡频率。

2. 设计实验表格。

3. 为什么在 RC 桥式正弦波振荡电路中要引入负反馈支路？为什么要增加二极管 D_1 和 D_2？它们是怎样稳幅的？

4. 电路参数变化对图 7.2、图 7.3 产生的方波和三角波频率及电压幅值有什么影响？（或者，怎样改变图 7.2、图 7.3 电路中方波及三角波的频率及幅值？）

5. 在波形发生器各电路中，"相位补偿"和"调零"是否需要？为什么？

6. 怎样测量非正弦波电压的幅值？

实验八　有源滤波器

一、实验目的

1. 学会用运放、电阻和电容组成有源低通滤波、高通滤波和带通、带阻滤波器并分别了解其特性；

2. 学会测量有源滤波器的幅频特性。

二、实验设备与器件

1. 模拟电路实验箱；

2. 函数信号发生器；

3. 双踪示波器；

4. 交流毫伏表；

5. 数字万用表；

6. 运放 $\mu A741$ 以及电阻器、电容器若干。

三、实验原理

本实验是用集成运算放大器 $\mu A741$ 和 RC 网络来组成不同性能的有源滤波电路。

1. 低通滤波器

低通滤波器是指低频信号能通过而高频信号不能通过的滤波器，用一级 RC 网络组成的称为一阶 RC 有源滤波器，如图 8.1 所示。

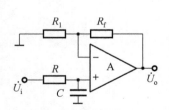
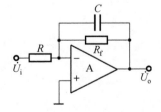

（a）RC 网络接在同相输入端　　　　　　（b）RC 网络接在反相输入端

图 8.1　基本的一阶 RC 有源低通滤波器

为了改善滤波效果，在图 8.1(a) 的基础上再加一级 RC 网络，且为了克服在截止频率附近的通频带范围内幅度下降过多的缺点，通常采用将第一级电容 C 的接地端改到输出端的方式，如图 8.2 所示，即为一个典型的二阶有源低通滤波器。

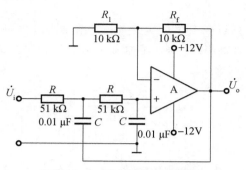

图 8.2　二阶有源低通滤波器

这种有源滤波器的输入、输出关系为：

$$\dot{A} = \frac{\dot{U}_o}{\dot{U}_i} = \frac{A_u}{1 + (3 - A_u)sRC + (sRC)^2} = \frac{A_u}{1 - \left(\dfrac{\omega}{\omega_0}\right)^2 + j \cdot \dfrac{1}{Q}\dfrac{\omega}{\omega_0}}$$

式中：$s = j\omega$；$A_u = 1 + \dfrac{R_f}{R_1}$ 为二阶低通滤波器的通带增益；$\omega_0 = \dfrac{1}{RC}$ 为截止角频率，是二阶低通滤波器通带与阻带的界限角频率；$Q = \dfrac{1}{3 - A_u}$ 为品质因数，它的大小影响低通滤波器在截止频率处幅频特性的形状。

2. 高通滤波器

只要将低通滤波电路中起滤波作用的电阻、电容互换，即可变成有源高通滤波器，如图 8.3(a)所示。高通滤波器性能与低通滤波器相反，其频率响应和低通滤波器是镜像关系。

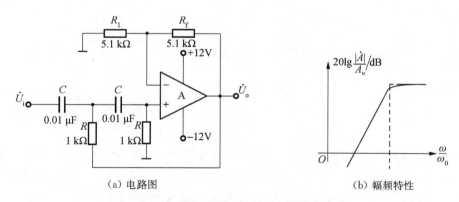

(a) 电路图　　　　　　　　　　　　　　(b) 幅频特性

图 8.3　高通滤波器的电路和幅频特性

这种高通滤波器的输入、输出关系：

$$\dot{A} = \frac{\dot{U}_o}{\dot{U}_i} = \frac{(sRC)^2 A_u}{1 + (3 - A_u)sRC + (sRC)^2} = \frac{-\left(\dfrac{\omega}{\omega_0}\right)^2 \cdot A_u}{1 - \left(\dfrac{\omega}{\omega_0}\right)^2 + j \cdot \dfrac{1}{Q}\dfrac{\omega}{\omega_0}}$$

式中的 A_u、ω_0、Q 的意义与前同。

3. 带通滤波器

这种滤波电路的作用是只允许在某一个通频带范围内的信号通过,比通频带下限频率低和比上限频率高的信号都被阻断。典型的带通滤波器可以从二阶低通滤波电路中将其中一级改成高通而成,如图 8.4 所示。

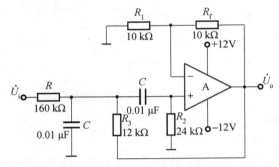

图 8.4　典型二阶带通滤波器

它的输入、输出关系为:

$$\dot{A}=\frac{\dot{U}_o}{\dot{U}_i}=\frac{\left(1+\dfrac{R_f}{R_1}\right)\left(\dfrac{1}{\omega_0 RC}\right)\cdot\dfrac{s}{\omega_0}}{1+\dfrac{Bs}{\omega_0^2}+\left(\dfrac{s}{\omega_0}\right)^2}$$

中心角频率:

$$\omega_0=\sqrt{\frac{1}{R_2 C^2\left(\dfrac{1}{R}+\dfrac{1}{R_3}\right)}}$$

频带宽:

$$B=\frac{1}{C}\left(\frac{1}{R}+\frac{2}{R_2}-\frac{R_f}{R_1 R_3}\right)$$

选择性:

$$Q=\frac{\omega_0}{B}$$

这种电路的优点是改变 R_f 和 R_1 的比例就可改变频宽而不影响中心频率。当 $R=160\ \text{k}\Omega$, $R_2=24\ \text{k}\Omega$, $R_3=12\ \text{k}\Omega$, $R_f=R_1=10\ \text{k}\Omega$, $C=0.01\ \mu\text{F}$ 时, $\omega_0=1\ 023\ \text{Hz}$,其上限频率为 $1\ 074\ \text{Hz}$,下限频率为 $974\ \text{Hz}$, Q 为 10.23,增益为 2,其幅频特性如图 8.5 所示。

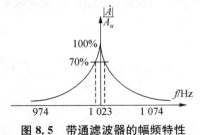

图 8.5　带通滤波器的幅频特性

4．带阻滤波器

如图 8.6 所示，这种电路的性能和带通滤波器相反，即在规定的频带内，信号不能通过（或受到很大衰减），而在其余频率范围，信号则能顺利通过，其常用于抗干扰设备中。

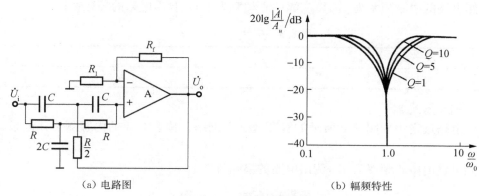

（a）电路图　　　　　　（b）幅频特性

图 8.6　二阶带阻滤波器

这种电路的输入、输出关系为：

$$\dot{A}=\frac{\dot{U}_{\mathrm{o}}}{\dot{U}_{\mathrm{i}}}=\frac{\left[1+\left(\dfrac{s}{\omega_0}\right)^2\right]\cdot A_u}{1+(4-2A_u)\dfrac{s}{\omega_0}+\left(\dfrac{s}{\omega_0}\right)^2}$$

式中：$A_u=1$，$\omega_0=\dfrac{1}{RC}$，A_u 愈接近 2，$|\dot{A}|$ 愈大，即起到阻断范围变窄的作用。

四、实验内容

1．低通滤波器

实验电路如图 8.2 所示。

接通 ±12 V 电源。$\dot{U}_{\mathrm{i}}$ 接函数信号发生器，令其输出为 $\dot{U}_{\mathrm{i}}=1$ V 的正弦波，改变其频率，并维持 $\dot{U}_{\mathrm{i}}=1$ V 不变，测量输出电压 $\dot{U}_{\mathrm{o}}$，记入表 8.1。

表 8.1

f/Hz	
$\dot{U}_{\mathrm{o}}/\mathrm{V}$	

2．高通滤波器

实验电路如图 8.3（a）所示。

按表 8.2 的内容测量，实验步骤同内容 1，并记录。

表 8.2

f/Hz	
$\dot{U}_{\mathrm{o}}/\mathrm{V}$	

3. 带通滤波器

实验电路如图 8.4 所示,测量其频率响应特性。按表 8.3 的内容测量并记录,步骤同上。

实测电路的中心频率为 f_C,以实测中心频率为中心,测出电路的幅频特性。

表 8.3 $f_C =$ _____ **Hz**

f/Hz	
$\dot{U}_\circ/\text{V}$	

4. 带阻滤波器

实验电路选定为如图 8.6 所示的双 T 型 RC 网络。按表 8.4 的内容测量并记录,步骤同上。

实测电路的中心频率为 f_C,测出电路的幅频特性。

表 8.4 $f_C =$ _____ **Hz**

f/Hz	
$\dot{U}_\circ/\text{V}$	

五、实验报告

1. 整理实验数据,画出各电路实测的幅频特性。
2. 根据实验曲线,计算截止频率、中心频率、带宽及品质因数。
3. 总结有源滤波电路的特性。

六、预习要求

1. 复习教材有关滤波器的内容。
2. 分析图 8.2、8.3、8.4、8.6 所示电路,写出它们的增益特性表达式。
3. 计算图 8.2、8.3 的截止频率,图 8.4、8.6 的中心频率。
4. 画出上述四种电路的幅频特性曲线。

实验九　电压比较器

一、实验目的

1. 掌握电压比较器的电路构成及其特点；
2. 学会测试电压比较器的方法。

二、实验设备与器件

1. 模拟电路实验箱；
2. 函数信号发生器；
3. 双踪示波器；
4. 数字万用表；
5. 交流毫伏表；
6. μA741 运放以及电阻器等。

三、实验原理

信号幅度比较是将一个模拟量的电压信号与一个参考电压相比较,在二者幅度相等的附近,输出电压将产生跃变。通常用于越限报警,模数转换和波形变换的场合。此时,幅度鉴别的精确性、稳定性以及输出反应的快速性是最主要的技术指标。

图 9.1 所示为一最简单的电压比较器,U_R 为参考电压,加在运放的同相输入端,输入电压 u_I 加在反相输入端。

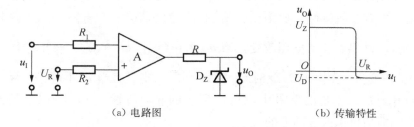

（a）电路图　　　　　　　　　　（b）传输特性

图 9.1　电压比较器

当 $u_I < U_R$ 时,运放输出高电平,稳压管 D_Z 反向稳压工作。输出端电位被钳在稳压管的稳定电压 U_Z,即 $u_O = U_Z$。当 $u_I > U_R$ 时,运放输出低电平,D_Z 正向导通,输出电压等于稳压

管的正向压降 U_D,即:$u_O = -U_D$。

因此,以 U_R 为界,当输入电压 u_I 变化时,输出端反映出两种状态:高电位和低电位。

表示输出电压与输入电压之间关系的特性曲线,称为传输特性。图 9.1(b)为 9.1(a)的比较器的传输特性。

常用的幅度比较器有过零电压比较器、具有滞回特性的过零电压比较器(又称施密特(Schmitt)触发器)、双限比较器(又称窗口比较器)等。

1. 过零电压比较器

图 9.2 为简单过零电压比较器。

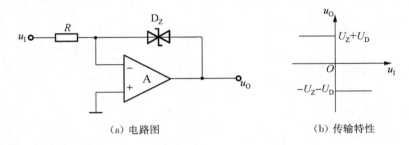

（a）电路图   （b）传输特性

图 9.2　过零电压比较器

2. 具有滞回特性的过零电压比较器

图 9.3 为具有滞回特性的过零电压比较器。

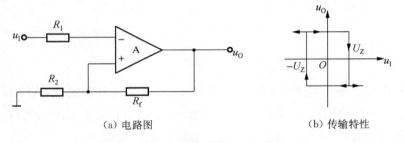

（a）电路图   （b）传输特性

图 9.3　具有滞回特性的过零电压比较器

过零电压比较器在实际工作时,如果 u_I 恰好在过零值附近,则由于零点漂移的存在,u_O 将不断由一个极限值转换到另一个极限值,这在控制系统中对执行机构将是很不利的。为此,就需要输出具有滞回特性。如图 9.3 所示,从输出端引一个电阻分压支路到同相输入端,若 u_O 改变,使过零点参考电压改变。当 u_O 为正(记作 U_+),$U_Z = \dfrac{R_2}{R_f + R_2} U_+$,则当 $u_I > U_Z$ 后,u_O 即由正变负(记作 U_-),此时 U_Z 变为 $-U_Z$。故只有当 u_I 下降到 $-U_Z$ 以下,才能使 u_O 再度回升到 U_+,于是出现图 9.3(b)中所示的滞回特性。$-U_Z$ 与 U_Z 的差别称为回差。改变 R_2 的数值可以改变回差的大小。

3. 窗口(双限)比较器

简单的比较器仅能鉴别输入电压比参考电压 U_R 高或低的情况,窗口比较电路是由两个简单的比较器组成,如图 9.4 所示,它能指示出 u_I 值是否处于 U_R^+ 和 U_R^- 之间。

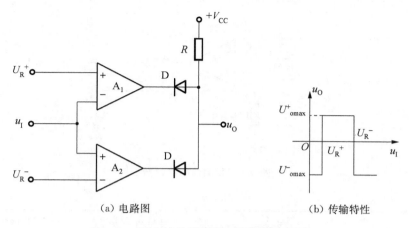

（a）电路图　　　　　　　　　　　　　（b）传输特性

图9.4　两个简单比较器组成的窗口比较器

四、实验内容

1. 过零电压比较器

实验电路如图 9.5 所示。

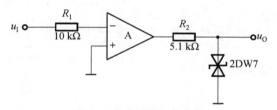

图9.5　过零电压比较器

接通±12 V 电源,测量 u_I 悬空时的 u_O 电压。u_I 接频率为 500 Hz、幅值为 2 V 的正弦信号,观察 $u_I - u_O$ 的波形并记录。

改变 u_I 幅值,测量传输特性曲线。

表 9.1

u_I悬空 $u_O =$ _____	$u_I - u_O$ 波形	传输特性曲线

2. 反相滞回比较器

实验电路如图 9.6 所示。

按图接线,调节 u_I,测出 u_I 由 $U_{omax}^+ \rightarrow U_{omax}^-$ 时 u_O 的临界值。同上,测出 u_O 由 $U_{omax}^- \rightarrow U_{omax}^+$ 时 u_I 的临界值。

u_I 接频率为 500 Hz、幅值为 2 V 的正弦信号,观察并记录 $u_I - u_O$ 波形。

将分压支路 100 kΩ 电阻改为 200 kΩ,重复上述实验,测定传输特性。

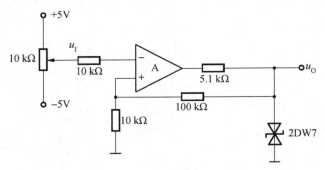

图 9.6　反向滞回比较器

表 9.2

u_O/V	u_I/V	u_I—u_O 波形	传输特性曲线
$U_{omax}^+ \rightarrow U_{omax}^-$			
$U_{omax}^- \rightarrow U_{omax}^+$			

3. 同相滞回比较器

实验电路如图 9.7 所示。

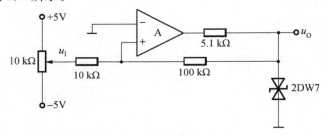

图 9.7　同相滞回比较器

实验步骤参照反相滞回比较器。

表 9.3

u_O/V	u_I/V	u_I—u_O 波形	传输特性曲线
$U_{omax}^+ \rightarrow U_{omax}^-$			
$U_{omax}^- \rightarrow U_{omax}^+$			

五、实验报告

1. 整理实验数据,绘制各类比较器的传输特性曲线。
2. 总结几种比较器的特点,阐明它们的应用场景。

六、预习要求

1. 复习教材中有关比较器的内容。
2. 画出各类比较器的传输特性曲线。

实验十　低频功率放大器

一、实验目的

1. 进一步理解 OTL 功率放大器的工作原理；
2. 学会 OTL 电路的调试及主要性能指标的测试方法。

二、实验设备与器件

1. 函数信号发生器；
2. 双踪示波器；
3. 交流毫伏表；
4. 直流毫安表；
5. 三极管 3DG6、3DG12，二极管 2CP；
6. 8 Ω 喇叭、电阻器、电容器若干。

三、实验原理

图 10.1 所示为 OTL 低频功率放大器。其中由晶体三极管 T_1 组成推动级（也称为前置放大级），T_2、T_3 是一对参数对称的 NPN 和 PNP 型晶体三极管，它们组成互补推挽 OTL 功放电路。由于每一个管子都接成射极输出器形式，因此具有输出电阻低、负载能力强等优点，适合作为功率输出级。T_1 管工作于甲类状态，它的集电极电流 I_{C1} 由电位器 R_{W1} 进行调节。I_{C1} 的一部分流经电位器 R_{W2} 和二极管 D，给 T_2、T_3 提供偏置电压。调节 R_{W2} 可以使 T_2、T_3 得到合适的静态电流而工作于甲、乙类状态，以克服交越失真。静态时要求输出端中点 A 的电位 $V_A = 0.5 V_{CC}$，可以通过调节 R_{W1} 来实现。又由于 R_{W1} 的一端接在 A 点，因此在电路中引入交、直流电压并联负反馈，一方面能够稳定放大器的静态工作点，同时也改善了非线性失真。

当输入正弦交流信号 u_i 时，经 T_1 放大、倒相后同时作用于 T_2、T_3 的基极，u_i 的负半周使 T_2 导通（T_3 截止），有电流通过负载 R_L，同时向电容 C_o 充电，在 u_i 的正半周，T_3 导通（T_2 截止），则已充好电的电容器 C_o 起着电源的作用，通过负载 R_L 放电，这样在 R_L 上就得到完整的正弦波。

C_2 和 R 构成自举电路，用于提高输出电压正半周的幅度，以得到大的动态范围。

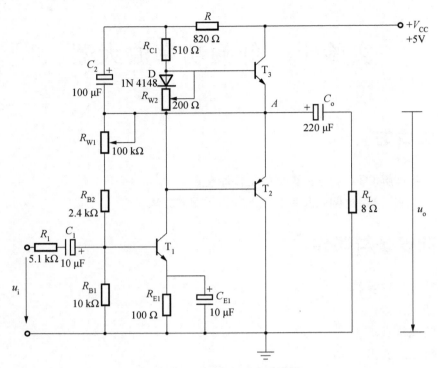

图 10.1　OTL 低频功率放大器

OTL 电路主要性能指标：

1) 最大不失真输出功率 P_{om}

理想情况下, $P_{om} = \dfrac{1}{8} \dfrac{V_{CC}^2}{R_L}$,在实验中可通过测量 R_L 两端的电压有效值来求得实际的

$P_{om} = \dfrac{U_o^2}{R_L}$ 。

2) 效率 η

$$\eta = \frac{P_{om}}{P_E} \times 100\%$$

其中, P_E 是直流电源供给的平均功率。

理想情况下, $\eta_{max} = 78.5\%$,在实验中,可测量电源供给的平均电流 I_{dc} ,从而求得 $P_E = V_{CC} \cdot I_{dc}$,负载上的交流功率已用上述方法求出,因而也就可以计算实际效率了。

四、实验内容

在整个测试过程中,电路不应有自激现象。

1. 静态工作点的测试

按图 10.1 连接实验电路,电源进线中串入直流毫安表,电位器 R_{W2} 置最小值, R_{W1} 置中间位置。接通＋5 V 电源,观察毫安表指示,同时用手触摸输出级管子,若电流过大,或管子温升显著,应立即断开电源检查原因(如 R_{W2} 开路、电路自激或输出管性能不好等)。如无异常现象,可开始调试。

2. 调节输出端中点电位 U_A

调节电位器 R_{W1},用万用表直流电压挡测量 A 点电位,使 U_A＝2.5 V。

3. 调整输出级静态电流及测试各级静态工作点

调节 R_{W2},使 T_2、T_3 管的 I_{C2}＝I_{C3}＝5～10 mA。从减小交越失真角度而言,应适当加大输出级静态电流,但该电流过大,会使效率降低,所以一般以 5～10 mA 为宜。由于毫安表是串联在电源进线中,因此测得的是整个放大器的电流。但一般 T_1 的集电极电流 I_{C1} 较小,从而可以把测得的总电流当作末级的静态电流。如要准确得到末级静态电流,则可从总电流中减去 I_{C1} 的值。

调整输出级静态电流的另一方法是动态调试法。先使 R_{W2}＝0,在输入端接入 f＝1 kHz 的正弦信号 u_i。逐渐加大输入信号的幅值,此时,输出波形出现较严重的交越失真(注意:没有饱和和截止失真),然后缓慢增大 R_{W2},当交越失真刚好消失时,停止调节 R_{W2},恢复 u_i＝0,此时直流毫安表读数即为输出级静态电流。一般数值也应在 5～10 mA,如过大,则要检查电路。

输出级电流调好以后,测量各级静态工作点,记入表 10.1。

表 10.1　I_{C2}＝I_{C3}＝_____ mA; U_A＝2.5 V

	T_1	T_2	T_3
U_B(V)			
U_C(V)			
U_E(V)			

注意:

(1) 在调节 R_{W2} 时,一是要注意旋转方向,不要调得过大,更不能开路,以免损坏输出管。

(2) 输出管静态电流调好后,如无特殊情况,不得随意改变 R_{W2} 的位置。

4. 最大输出功率 P_{om} 和效率 η 的测量

输入端接 f＝1 kHz 的正弦信号 u_i,输出端用示波器观察输出电压 u_o 的波形。逐渐增大 u_i,使输出电压达到最大不失真输出,用交流毫伏表测出负载 R_L 上的电压 u_{om},则

$$P_{om}＝\frac{U_{om}^2}{2R_L}$$

5. 测量 η

当输出电压为最大不失真输出时,读出直流毫安表中的电流值,此电流即为直流电源供给的平均电流 I_{dc}(有一定误差),由此可近似求得 $P_E＝V_{CC} \cdot I_{dc}$,再根据上面测得的 P_{om},即可求出 $\eta＝\dfrac{P_{om}}{P_E}\times100\%$。

6. 输入灵敏度测试

根据输入灵敏度的定义,只要测出输出功率 $P_o＝P_{om}$ 时的输入电压值 u_i 即可。

7. 频率响应的测试

测试方法同实验二,结果记入表 10.2。

表 10.2　$U_i =$ _____ mV

			f_L			f_O			f_H	
f/Hz						1 k				
U_o/V										
A_u										

在测试时,为保证电路的安全,应在较低电压下进行,通常取输入信号为灵敏度的 50%。在整个测试过程中,应保持 u_i 为恒定值,且输出波形不得失真。

8. 研究自举电路的作用

测量有自举电路且 $P_o = P_{omax}$ 时的电压增益 $A_u = \dfrac{U_o}{U_i}$。将 C_2 开路,R 短路(无自举),再测量 $P_o = P_{omax}$ 时的 A_u。

用示波器观察有无自举两种情况下的输出电压波形,并将以上两项测量结果进行比较,分析研究自举电路的作用。

9. 噪声电压的测试

测量时将输入端短路($u_i = 0$),观察输出噪声波形,并用交流毫伏表测量输出电压,即为噪声电压 U_N,若 $U_N < 15$ mV,即满足要求。

五、实验报告

1. 整理实验数据,计算静态工作点、最大不失真输出功率 P_{om}、效率 η 等,并与理论值进行比较;画出频率响应曲线。
2. 分析自举电路的作用。
3. 讨论实验中发生的问题及其解决办法。

六、预习要求

1. 复习有关 OTL 工作原理的内容。
2. 为什么引入自举电路能够扩大输出电压的动态范围?
3. 交越失真产生的原因是什么? 怎样克服交越失真?
4. 电路中电位器 R_{W2} 如果开路或短路,对电路工作有何影响?
5. 为了不损坏输出管,调试中应注意什么问题?
6. 如电路有自激现象,应如何消除?

实验十一　串联型晶体管稳压电源

一、实验目的

1. 研究单相桥式整流、电容滤波电路的特性；
2. 掌握串联型晶体管稳压电源主要技术指标的测试方法。

二、实验设备与器件

1. 可变工频电源；
2. 双踪示波器；
3. 交流毫伏表；
4. 模拟电路实验箱；
5. 数字万用表。

三、实验原理

电子设备一般都需要直流电源供电。这些直流电源除了少数直接利用干电池和直流发电机外，大多数是采用把交流电(市电)转变为直流电的直流稳压电源。

直流稳压电源由电源变压器、整流电路、滤波电路和稳压电路四部分组成，其原理框图如图 11.1 所示。电网供给的交流电压 u_i(220 V,50 Hz)经电源变压器降压后，得到符合电路需要的交流电压 u_2，然后由整流电路变换成方向不变、大小随时间变化的脉动电压 u_3，再用滤波器滤去其交流分量，就可得到比较平直的直流电压 U_1。但这样的直流输出电压，还会随交流电网电压的波动或负载的变动而变化，在对直流供电要求较高的场合，还需要使用稳压电路，以保证输出的直流电压 U_O 更加稳定。

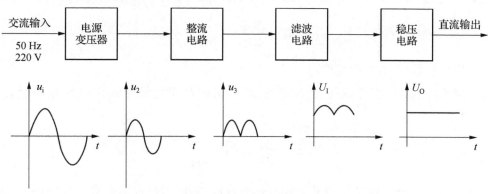

图 11.1　直流稳压电源框图

图 11.2 是由分立元件组成的串联型稳压电源的电路图。其整流部分为单相桥式整流、电容滤波电路。稳压部分为串联型稳压电路,它由调整元件(晶体管 T_1);比较放大器 T_3、R_1;取样电路 R_4、R_5、R_w 和基准电压源 R_3、D_z 组成。整个稳压电路是一个具有电压串联负反馈的闭环系统,其稳压过程为:当电网电压波动或负载变动引起输出直流电压发生变化时,取样电路取出输出电压的一部分送入比较放大器,并与基准电压进行比较,产生的误差信号经 T_3 放大后送入复合调整管(T_1 和 T_2 组成)的基极,使调整管改变其管压降,以补偿输出电压的变化,从而达到稳定输出电压的目的。

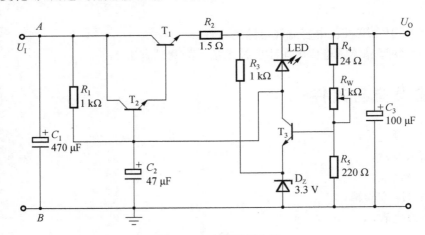

图 11.2　串联稳压电路

稳压电源的主要性能指标:

(1) 输出电压 U_O 和输出电压调节范围

$$U_O = \frac{R_4 + R_w + R_5}{R_5}(U_Z + U_{BE3})$$

调节 R_w 改变输出电压 U_O。

(2) 最大负载电流 I_{OM}

(3) 输出电阻 R_O

输出电阻 R_O 定义为:当输入电压 U_I(稳压电路输入)保持不变,由于负载变化而引起的输出电压变化量与输出电流变化量之比,即

$$R_O = \frac{\Delta U_O}{\Delta I_O}\bigg|_{U_I = 常数}$$

(4) 稳压系数 S(电压调整率)

稳压系数定义为:当负载保持不变,输出电压相对变化量与输入电压相对变化量之比,即

$$S = \frac{\Delta U_O / U_O}{\Delta U_I / U_I}\bigg|_{R_L = 常数}$$

由于工程上常把电网电压波动±10%作为极限条件,因此也有将此时输出电压的相对

变化 $\Delta U_O/U_O$ 作为衡量指标,称为电压调整率。

（5）输出纹波电压

输出纹波电压是指在额定负载条件下输出电压中所含交流分量的有效值（或峰值）。

四、实验内容

1. 整流滤波电路测试

按图 11.3 连接实验电路,将可变工频电源降至 9 V,作为整流电路输入电压 u_2。

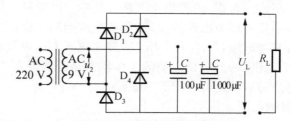

图 11.3　全波整流与滤波电路

1）取 $R_L = 1$ kΩ,不加滤波电容,测量输出直流电压 U_L 及纹波电压 $\tilde{U}_L$,并用示波器观察 u_2 和 U_L 的波形,记入表 11.1。

2）取 $R_L = 1$ kΩ,$C = 100$ μF,重复内容 1）的要求,记入表 11.1。

3）取 $R_L = 1$ kΩ,$C = 1\,000$ μF,重复内容 1）的要求,记入表 11.1。

表 11.1　$U_2 =$＿＿＿＿＿V

电路形式		U_L/V（直流量）	U_L	U_L 波形
$R_L = 1$ kΩ				
$R_L = 1$ kΩ $C = 100$ μF				
$R_L = 1$ kΩ $C = 1\,000$ μF				

实验时需注意以下两点：

(1) 每次改接电路时，必须切断工频电源。

(2) 在观察输出电压 U_L 波形的过程中，"Y 轴灵敏度"旋钮位置调好以后不要再变动，否则将无法比较各波形的脉动情况。

2. 串联型稳压电源性能测试

切断工频电源，在图 11.3 基础上按图 11.2 连接实验电路。

1) 初测

稳压器输出端负载开路，接通实验箱自带的 9 V 直流电源，测量输出电压 U_O。

调节电位器 R_W，观察 U_L 的大小和变化情况，如果 U_L 能随 R_W 线性变化，这说明稳压电路各反馈环路工作基本正常。否则，说明稳压电路有故障。因为稳压器是一个深度负反馈的闭环系统。只要环路中任一环节出现故障(某管截止或饱和)，稳压器就会失去自动调节作用。此时可分别检查基准电压 U_Z，输入电压 U_I，输出电压 U_L，以及比较放大器和调整管各电极的电位(主要是 U_{BE} 和 U_{CE})，分析它们的工作状态是否都处在线性区，从而找出不能正常工作的原因。排除故障以后就可进行下一步测试。

2) 测量输出电压可调范围

将负载 R_L(滑线变阻器)接入电路(保护回路依然断开)，调节变阻器 R_L 使输出电流 $I_O = 50$ mA，调节电位器 R_W，测量输出电压可调范围 $U_{Omin} \sim U_{Omax}$，且使 R_W 动点在中间位置附近时 $U_L = 6$ V。若不满足要求，可适当调整 R_1、R_2 的值。

3) 测量各级静态工作点

调节 R_W 使输出电压 $U_L = 6$ V，调节 R_L 使输出电流 $I_O = 50$ mA，测量各级静态工作点电压，记入表 11.2。

表 11.2　$U_2 = 14$ V;$U_L = 6$ V;$I_O = 50$ mA

	T$_1$	T$_2$
U_B/V		
U_C/V		
U_E/V		

3. 测量稳压系数 S

取 $I_O = 50$ mA，按表 11.3 改变整流电路输入电压 U_2(模拟电网电压波动)，分别测出相应的稳压器输入电压 u_I(有效值)及输出直流电压 U_O，记入表 11.3。

表 11.3　$I_O = 50$ mA

测试值			计算值
U_2/V	U_I/V	U_O/V	S
10			$S_{12} =$
14		6	
17			$S_{23} =$

4. 测量输出电阻 R_O

取 $U_2 = 14$ V，调节电位器的阻值，使 I_O 分别为空载、50 mA 和 100 mA，测量相应的 U_O 值，记入表 11.4。

表 11.4 $U_2 = 14 \text{ V}$

测量值		计算值
I_O/mA	U_O/V	R_O/Ω
空载		$R_{O12} =$
50	9	
100		$R_{O23} =$

5. 测量输出纹波电压

取 $U_2 = 14 \text{ V}$，$U_O = 6 \text{ V}$，$I_O = 50 \text{ mA}$，测量输出纹波电压 $\tilde{U}_O$。

五、实验报告

1. 对表 11.1 所测结果进行全面分析，总结桥式整流、电容滤波电路的特点。

2. 根据表 11.3 和表 11.4 所测数据，计算稳压电路的稳压系数 S 和输出电阻 R_O，并进行分析。

3. 分析讨论实验中出现的故障及其排除方法。

六、预习要求

1. 复习有关分立元件稳压电源部分的内容，并根据实验电路参数估算 U_O 的可调范围及 $U_O = 9 \text{ V}$ 时 T_1、T_2 管的静态工作点（假设调整管的饱和压降 $U_{CE1S} \approx 1 \text{ V}$）。

2. 说明表 11.2 表头中 U_2、U_L、I_O 的物理意义，并从实验仪器中选择合适的测量仪表。

3. 在桥式整流电路实验中，能否用双踪示波器同时观察 u_2 和 U_L 的波形，为什么？

4. 在桥式整流电路实验中，如果某个二极管发生开路、短路或反接三种情况，将会出现什么问题？

5. 为了使稳压电源的输出电压 $U_O = 9 \text{ V}$，则其输入电压的最小值 u_{imin} 应等于多少？交流输入电压 $u_{2\text{min}}$ 又怎样确定？

6. 当稳压电源输出不正常，或输出电压 U_O 不随取样电位器 R_W 而变化时，应如何进行检查找出故障所在？

7. 分析保护电路的工作原理。

8. 怎样提高稳压电源的性能指标？

说明：

1. 图 11.2 中负载 R_L 为 120 Ω/4 W 的电位器。

2. 实验中需测量输出电流 I_O 时，可用万用表直流电压挡测出负载中 100 Ω 的固定电阻 R_2 的电压，再换算成电流即可。

3. 测量输出电阻 R_O 时，当电流 I_O 为 50 mA、空载时负载中的固定电阻用 100 Ω。当电流 I_O 为 100 mA 时负载中的固定电阻 30 Ω。

4. 调整过流保护电路时，负载中的固定电阻用 30 Ω。

实验十二　集成稳压电源

一、实验目的

1. 通过实验进一步掌握整流与稳压电路的工作原理;
2. 学会电源电路的设计与调试方法;
3. 熟悉集成稳压器的特点。

二、实验设备与器件

1. 模拟电路实验箱;
2. 双踪示波器;
3. 交流毫伏表;
4. 数字万用表;
5. 三端集成稳压器 LM7800 系列、LM7900 系列、LM317/337 系列等。

三、实验原理

随着集成电路特别是大规模集成电路的发展,由分立元件构成的稳压电源逐渐为集成稳压电源所替代。目前电子设备中大量采用的输出电压固定的或可调的三端集成稳压器,如 LM7800 系列、LM7900 系列、LM117/217/317 及 LM137/237/337 系列等,其具有外形结构简单、保护功能齐全、外接元件少、系列化程度好、安装调试简便等特点。由于只有输入、输出和公共端(或调整端)三个引线端子,故称之为"三端集成稳压电源电路"。在额定负载电流情况下,只要稳压器输入端电源比其所要求的输出电压高 2～5 V,即使电网电压发生波动,其输出直流电压仍保持稳定。

小功率稳压电源由电源变压器、整流电路、滤波电路和稳压电路四部分组成。电源变压器是将交流电网 220 V 的电压变为所需的电压值,通过整流电路将交流电压变成直流脉动电压,由滤波电路滤除纹波得到平滑的直流电压。由于该直流电压会随着电网电压波动、负载和温度的变化而变化,所以需接稳压电路,以维持输出直流电压的稳定。集成稳压器就起着稳定电压的作用。当外加适当大小的散热片且整流器能够提供足够的输入电流时,稳压器可提供相应的输出电流,若散热条件不好时,集成稳压器中的热开关电路起保护作用。

1. 三端集成稳压器的分类

三端集成稳压器种类较多,这里介绍常用的几种以供实验中选用。

1) 三端固定正输出稳压器

　　LM7800 系列,通常有金属外壳封装和塑料外壳封装两种。按其输出最大电流可分为(在足够的散热条件情况下):LM78L00 100 mA、LM78M00 500 mA、LM7800 1.5 A;按其输出固定正电压可分为:7805、7806、7808、7810、7812、7815、7818、7824。例如 LM7805,其输出电压 $U_O=5$ V,输出最大电流 $I_{om}=100$ mA。

　　2) 三端固定负输出稳压器

　　LM7900 系列。同样按输出最大电流划分为 LM79L00、LM79M00、LM7900,按其输出固定负电压划分为 7905、7906、7908、7910、7912、7915、7918、7924。

　　3) 三端可调正输出稳压器

　　LM117/217/317 系列。按最大输出电流划分,如 LM317L 100 mA、LM317M 0.5 A、LM317 1.5 A。通过改变调整端对地外接电阻的阻值即可调整输出正电压在 1.25～37 V 范围内变化(输入输出压差 $U_I-U_O\leqslant40$ V)。

　　4) 三端可调负输出稳压器

　　LM137/237/337 系列,可调负输出电压在 -1.25 V～-37 V 范围内变化。

　　2. 工作原理

　　LM7800 系列、LM7900 系列输出电压为一系列固定值,而很多特定应用场合要求的电压不是固定值。此外该系列实际输出电压与设计中心值也存在偏差,如 LM7805 输出电压标称为 5 V,而实际输出值在 4.75～5.25 V 之间,其稳定性指标不是很高。三端可调稳压器除具备三端固定输出稳压器的优点外,可以灵活地调节,在较大的电压范围内可获得任意值,输出电压精度高,适应面广,在电性能方面也有较大提高。LM7800 等系列的集成稳压器读者可参考有关资料,这里仅以 LM317 稳压器为例来分析其原理。LM317 内部电路框图如.1 所示。其基本组成与 LM7800 系列类似,由基准电压源电路、比较放大电路、调整管及保护电路、恒流源偏置及其启动电路组成,不同在于其内部电路采用了悬浮式结构,即内部电路均并接在输入 U_I 和输出 U_O 端之间,所有静态电流都汇聚到输出端,因而不需要另设接地点,只要满足 $U_I-U_O=2～5$ V,电路即能正常工作,改变外接电阻 R_2 的值,可以输出 1.25 V～37 V 的稳压电源,该电路基准电压 $U_{REF}=1.25$ V,其输出电压应满足下列关系:

$$U_O=1.25\left(1+\frac{R_2}{R_1}\right)U_I$$

可见,若将 ADJ 端接地(图 12.1 中 $R_2=0$),电路为 1.25 V 的基准源。以下结合 LM317 三端稳压器内部电路,如图 12.2 所示,进一步介绍其工作原理。

　　1) 恒流源及其启动电路

　　T_4、T_8、T_{10}、T_{14} 是恒流源电路,T_2 是其偏置,$T_2～T_5$ 又构成相互连锁的自偏置电路,工作状态极为稳定。T_1、D_1 和 R_6 组成启动电路,以启动恒流源工作。当加入一定值的 U_I 后,经恒流管 T_1 使 D_1 导通建立一定的稳压值,启动电流经电阻 R_6 注入 T_3、T_5 管的基极使之导通,从而启动整个电路。由于 T_1 为恒流管,R_6 的阻值又较大,所以对非稳定的输入电压起到隔离作用。

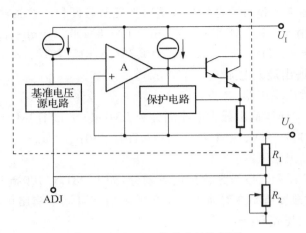

图 12.1 LM317 的基本结构框图

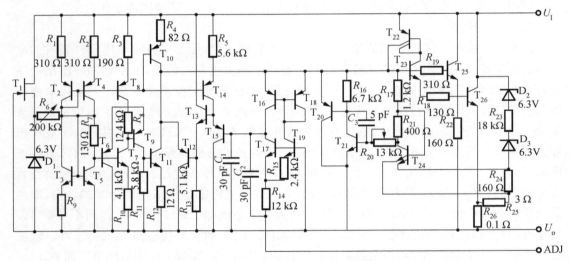

图 12.2 LM317 三端稳压器内部电路

2) 基准电压源电路

由 $T_{16} \sim T_{19}$ 和 R_{14}、R_{15}、C_2 等元件组成带隙基准电压源电路,其中 T_{17}、T_{19} 是核心元件 (利用半导体材料的能带间隙电压 1.205 V 为基础而设计的低电压基准源,用于对基准电压要求很高的场合,温度系数低,动态内阻小,噪声低,精度高)。利用电路设计和工艺使具有正温度系数的电阻 R_{14}、R_{15} 与具有负温度系数的晶体管发射结互为补偿而得到基本不随温度变化的(零温度系数)基准电压 U_{REF}。即输出端 U_O 与调整端 ADJ 之间的电压值 $U_{REF} = U_{BE17} + U_{R14} = 1.25$ V。

3) 比较放大器电路

比较放大器电路由 T_{17} 误差电压放大级和 T_{15}、T_{13}、T_{12} 多级跟随器组成。当稳压器输出电压 U_O 由于负载变化等原因发生变化时,该变化量 ΔU_O 将和基准电压同时被加到 T_{17} 基极,经放大后由多级跟随器去控制复合调整管的基极电流,从而改变调整管压降的变化,达到稳定输出电压的目的。

4) 调整管及其保护电路

T_{25}、T_{26} 为达林顿复合调整管,维持输出恒定电压并向负载提供输出电流。为保证调整管安全正常工作,电路设置了限流保护、安全工作区保护和过热保护电路。限流保护电路主要由 T_{20}、T_{21} 复合管承担。在正常稳压条件下,它的偏置电压受到复合调整管 b-e 结的钳位作用而近乎截止。当输出电流超过额定最大值时,取样电阻 R_{26} 上的压降将使其发射极电位降低而脱离截止区,分流了部分注入调整管的基极电流使输出电流限制在容许的最大值范围内。

限流保护电路 T_{20}、T_{21} 还具有安全工作区保护作用。当调整管上的压差(U_1-U_O)大于规定允许值时,稳压管 D_2、D_3 击穿,在 R_{24} 上得到的取样电压加在 T_{24} 两发射极间,T_{24} 为两发射结面积不相等的双发射极管,取样电压使面积大的发射结电位抬高,使 T_{24} 集电极总电流减小,抬高了 T_{21} 管的基极电位,导致 T_{20}、T_{21} 复合管限流作用提前,使调整管输出电流减小,保证调整管在规定压差下其功耗限制在安全工作区内。

过热保护电路由 T_6、T_7、T_9、T_{11} 及 R_8、R_{10}、R_{11}、R_{12} 等元件组成。利用 T_9、T_{11} 的 b-e 结作为热敏元件,当器件温度升高时,U_{BE}导通电压将降低(PN 结负温度系数),当温度超过允许值时,T_9、T_{11} 导通,分流了调整管的基极电流,从而限制了调整管的功耗。

3. 实验参考电路

1) 固定正输出稳压电源电路(图 12.3)

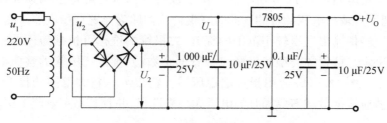

图 12.3　固定正输出稳压电源

2) 固定负输出稳压电源电路(图 12.4)

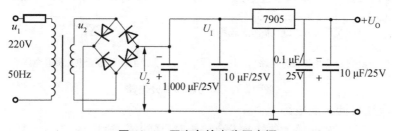

图 12.4　固定负输出稳压电源

3) 三端正输出可调稳压电源电路(图 12.5)

为了保持输出电压的稳定性,要求流经 R_1 的电流小于 5 mA,R_1 的取值为 120～240 Ω 为宜。必须注意:LM317 在不加散热器的情况下最大允许功耗为 2 W,在附加 200 mm×200 mm×3 mm 散热器后,其最大允许功耗可达 15 W。图中 D_5、D_6 为保护二极管,D_5 用于防止输入短路而损坏 IC,D_6 用于防止输出短路而损坏 IC;C_1、C_4 用于输入/输出滤波;C_4 还兼有改善输出端的瞬态响应性能;C_2 用以吸收输入端的瞬态变化电压,具有抗干扰和消除自激作用;C_3 用以旁路电位器 R_W 两端的纹波电压来提高稳压电路的纹波抑制能力。

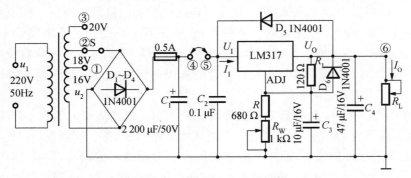

图 12.5　整流与稳压实验电路

4) 三端稳压器的扩展应用

在工程实践中,如需要获得各种非标准的稳压电源时,即获得一定的输出电压和输出电流,可直接利用现有三端稳压器件外加少量的电子元器件进行恰当的组合达到扩流扩压的目的。

(1) 二极管和稳压管电压提升电路

电压提升参考电路如图 12.6 所示。利用二极管或稳压管可将三端集成稳压器的电位向上浮动,达到提升输出电压的目的。此时三端稳压器即为浮置型稳压器。图 12.6(a)电路适合于三端稳压器件输出电压较小范围的提升,二极管的选择可根据稳压器输出需要提升电压的大小来决定二极管的类型和串联二极管的个数,并确定二极管的整流电流应能满足电路的工作要求。图 12.6(b)适用于三端稳压器件输出电压较大范围的提升,设计中稳压管的稳定电压值应根据负载需要提升的电压大小来选择,并且其稳定电流要留有余量。

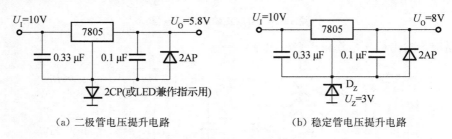

(a) 二极管电压提升电路　　　　　　　(b) 稳定管电压提升电路

图 12.6　简易电压提升电路

(2) 输出电压可调扩展电路

以 LM7805 为例,7805 最大输入电压为 33 V,其输入、输出压差在 2 V 左右。用 7805 组件构成输出电压可调扩展电路如图 12.7 所示。调整可调电阻 R_2 即可调整输出电压。

其中组件的标称稳压值为 5 V。倘若要求输出较高的电压(如 $U_O = 150$ V),必须在输入和输出端外接一只二极管 D(如图中虚线所示),并提高 R_2 值以承受较高的电压,以防止电路启动时,瞬时高压冲击对稳压器件的损坏,同时不允许在空载情况下使用。

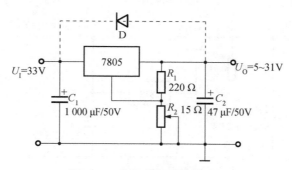

图 12.7　电压可调扩展电路 1

图 12.8 为另一电路形式的电压可调扩展电路,由于采用了运算放大器,克服了对稳压器静态电流的影响。

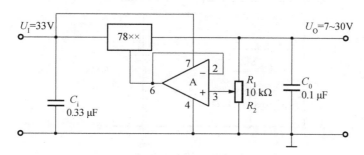

图 12.8　电压可调扩展电路 2

(3) 扩大集成三端稳压器输出电流的电路

以上介绍的一般塑料封装的集成三端稳压器,其最大输出电流(1.5 A)实际上只能达到 1.2 A 以下,当需要较大输出电流时,可直接选用电流容量较大的稳压器件,也可采用大功率管扩流方法来提供大电流输出。图 12.9 所示电路可以将电流扩展到 5 A(或 3 A)。

图 12.9 中若改接为硅 PNP 型功率管,电阻 R 需增大到 $0.82\ \Omega$,$2\ W$。在具体制作过程中,必须注意将管子、集成稳压器件安装在散热器上以免器件过热损坏。

串联反馈式稳压电路调整管工作在线性放大区,当负载电流较大时,调整管的集电极损耗相当大,电源效率低,开关电源克服了上述缺点,调整管工作在饱和导通和截止两种状态,由于管子饱和导通时管压降 U_{CEO} 和截止时管子的漏电流 I_{CEO} 皆很小,管耗主要发生在状态转换时,电源效率可达 80% ～ 90%,且其体积小,重量轻。开关电源的主要缺点是输出电压中所含波纹比较大。

图 12.10 为简易开关稳压电源参考电路。集成运放 $\mu A741$ 和 D_5、R 替代了串联稳压电源中的比较放大电路而成为开关电源。当输出电压比基准电压 12 V 低 2 mV 时($\mu A741$ 的反应灵敏度是 2 mV),运放输出高电压使 T_1、T_2 导通,以大电流给负载及滤波电容 C_1、C_2 补充电能,输出电压快速升至 12 V,运放输出低电压(约 2 V)使 T_1、T_2 截止,由电容 C_2 向负载提供电能,输出电压逐渐下降,周而复始,重复上述过程,电源持续处于开关状态,使输出电压稳定在 12 V 上。

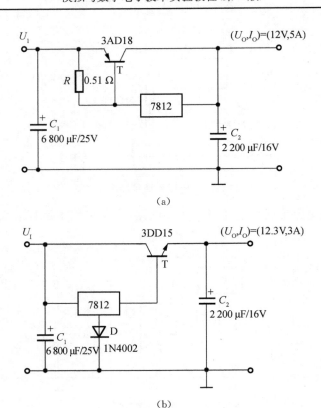

(a)

(b)

图 12.9 扩流电路

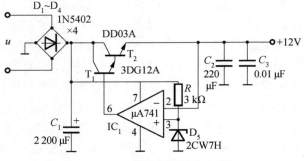

图 12.10 简易开关稳压电源

串联型稳压电源当市电波动为 170 V 时,可能导致负载(如电视机等)不能正常工作,而开关型稳压电源在市电降为 150 V 时仍可正常工作。

图中 T_1 最大安全导通电流 I_{cm1} 应大于负载平均工作电流的两倍,U_{CEO} 大于整流器最大输出电压的 1.5 倍。适当选择 R,当整流器输出电压在规定范围变化时,使 D_5 工作在额定稳压电流范围的数值内。

四、实验内容

1) 测量图 12.3 或图 12.4 电路中 U_2、U_0 值,并用示波器观察各点波形,了解固定输出稳压器的工作原理和使用方法。

2) 结合图 12.5 电路,要求实现以下技术指标:

(1) 输出直流电压 +12 V,并且在 9～16 V(完成以下 3～5 项内容)范围内连续可调;

(2) 负载电流 $I_O = 0 \sim 400$ mA;

(3) 电压调整率 $S_U \leqslant 0.04\%$;

(4) 电流调整率 $S_I \leqslant 0.1\%$;

(5) 纹波抑制比 $S_{rip} \geqslant 80$ dB;

(6) 电网电压 220 V±22 V。

3) 观察整流滤波电路性能

在装接好的电路上断开 U_I 点,接入电阻作为负载 R_{L1}(100 Ω,3 W),用示波器观察波形,断开负载再看一次,画出波形,有何不同?

将 R_{L1} 再接入电路,分别将 C_1 接入和断开用示波器观察波形,并用交流电压表测量相应的纹波电压值,画出波形,记下测量数值,分析 C_1 在电路中的作用。

4) 观察稳压器电路性能

(1) 拆除 R_{L1},连接好 U_I 处断点,调节电位器 R_W,测量 U_O 的变化范围。

(2) 调节 R_W 使 $U_O = 12$ V,将万用表直流电流挡大量程串入负载回路中,缓慢调节负载电阻由大到小变化,观察过流保护动作过程,测量稳压器最大保护电流值 I_{Omax}。因集成组件未加散热器,所以此实验过程应快速完成。

(3) 调节 $U_O = 12$ V,$I_O = 400$ mA,测量稳压器压差 $(U_I - U_O)$,查看其是否在规定稳压范围内。

5) 稳压性能指标测试

(1) 电压调整率

电压调整率又称稳压系数。它表征在一定环境温度下,负载保持不变而输入电压变化时(由电网电压变化所致)引起输出电压的相对变化量。以输出电压的相对变化量与输入电压的相对变化量的百分比来表示,即

$$S_U = \frac{\Delta U_O / U_O}{\Delta U_I / U_I}\bigg|_{\Delta I_O = 0, \Delta T = 0} \times 100\%$$

测量 S_U 时,先调整稳压电路输出电压 $U_O = 12$ V,输出电流为 400 mA,用数字万用表测量 U_I、U_O,保持负载不变调整输入电压变化 ±10%(用自耦变压器接入电源变压器或采用带多路抽头的变压器改接抽头模拟电网电压变化调节)测 ΔU_I、ΔU_O 代入上式计算。

(2) 电流调整率

它表征在一定的环境温度下,稳压电路的输入电压不变而负载变化时,输出电压保持稳定的能力,常用负载电流 I_O 变化时,引起输出电压的相对变化来表示。

$$S_I = \frac{\Delta U_O}{U_O}\bigg|_{\Delta U_I = 0, \Delta T = 0} \times 100\%$$

测量 S_I 时,首先调整 $U_O = 12$ V,保持输入电压不变,改变其负载 R_L 使 I_O 在 100～400 mA 范围内变化,测量相应的 U_O 变化量即得。

(3) 纹波系数 γ 和纹波抑制比 S_{rip}

纹波系数为交流纹波电压的有效值与直流电压之比,即:

$$\gamma = \frac{\widetilde{U}_\mathrm{I}}{U_\mathrm{I}}, \qquad \gamma = \frac{\widetilde{U}_\mathrm{O}}{U_\mathrm{O}}$$

纹波抑制比为输入纹波电压与输出纹波电压之比,它反映了稳压器对交流纹波的抑制能力,即:

$$S_\mathrm{rip} = 20\lg \frac{\widetilde{U}_\mathrm{I}}{\widetilde{U}_\mathrm{O}}$$

S_rip取决于稳压器的稳压性能,还与整流滤波电路对交流纹波电压的滤波能力有关,故此滤波电容必须有足够大的容量。用交流电压表或示波器可以测量 $\widetilde{U}_\mathrm{I}$、$\widetilde{U}_\mathrm{O}$的值。

6) 参照电路图完成一个由三端稳压器件构成的扩流或扩压电路。

7) 设计一个扩流电路,参考电路如图12.11所示。

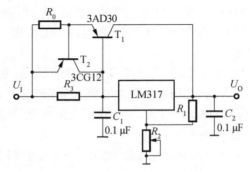

图 12.11 扩展输出电流应用电路

为了不使稳压器件的偏置电流 I_Q(5~10 mA)流过大功率管 T_1,泄放电阻 R_3 的取值应满足 $R_3 \leqslant U_\mathrm{BE3}/I_\mathrm{Q}$。$T_2$ 为过保护管,检测电阻 $R_0 = U_\mathrm{BE2}/I_\mathrm{Omax}$。$U_\mathrm{BE2}$ 为 T_2 管的开启电压,取 0.4~0.5 V,I_Omax取要求扩流后最大电流的1.2倍左右。

8) 正负电源实验

采用三端稳压器件,还可以很容易搭建一个含有正、负直流稳压电源的电路,如图12.12所示。

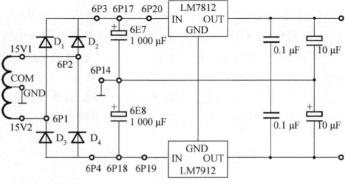

图 12.12

五、注意事项

1. 实验前应仔细检查变压器工作是否正常，接线是否正确。
2. 整流器输出和稳压器输出不可短路以免烧坏元器件。
3. 使用万用表要及时变换量程，不能用欧姆挡、电流挡测量电压。不用时置于交流电压挡最大量程。

六、报告要求

1. 简述实验电路的工作原理，画出电路并标注元件编号和参数值。
2. 试计算确定图 12.11 中的 R_0、R_3 的值。

七、思考题

1. 如何测量整流器和稳压电源的输出电阻？
2. 实验中使用集成稳压器应注意哪些问题？
3. 稳压电源电路为大电流时，在布线时要注意哪些问题？

实验十三　综合实验:采用运放设计万用电表

一、实验目的

1. 设计由运算放大器组成的万用电表。
2. 组装与调试由运算放大器组成的万用电表。

二、实验元器件选择

1. 表头:灵敏度为 1 mA,内阻为 100 Ω;
2. 运算放大器:µA741 或 LM358;
3. 电阻器:1/4W 的金属膜电阻;
4. 二极管:1N4007 若干、1N4148;
5. 稳压管:1N4728。

三、设计要求

1. 直流电压表:满量程+6 V;
2. 直流电流表:满量程 10 mA;
3. 交流电压表:满量程 6 V,50 Hz~1 kHz;
4. 交流电流表:满量程 10 mA;
5. 欧姆表:满量程分别为 1 kΩ、10 kΩ 和 100 kΩ。

四、万用电表原理及参考电路

在测量中,电表的接入应不影响被测电路的原工作状态,这就要求电压表应具有无穷大的输入电阻,而电流表的内阻应为零。但实际上,万用电表表头的可动线圈总有一定的电阻,例如 100 µA 的表头,其内阻约为 1 kΩ,用它进行测量时会影响被测量电阻值,引起误差。此外,交流电表中的整流二极管的压降和非线性特性也会产生误差。如果在万用电表中使用运算放大器,就能大大降低这些误差,提高测量精度。在欧姆表中采用运算放大器,不仅能得到线性刻度,还能实现自动调零。

1. 直流电压表

图 13.1 为同相端输入,高精度直流电压表的电路原理图。

为了减小表头参数对测量精度的影响,将表头置于运算放大器的反馈回路中,这时,流经表头的电流与表头的参数无关,只要改变 R_1 的电阻,就可进行量程的切换。

表头电流 I 与被测电压 U_i 的关系为: $I=U_i/R_1$。

应当指出:图 13.1 适用于测量电路与运算放大器共地的有关电路。此外,当被测电压较高时,在运放的输入端应设置衰减器。

2. 直流电流表

图 13.2 是浮地直流电流表的原理图。在电流测量中,浮地电流的测量是普遍存在的,若被测电流无接地点,就属于这种情况。为此,应把运算放大器的电源也对地浮动。按此种方式构成的电流表就像常规电流表那样,串联在任何电流通路中测量电流。

表头电流 I 与被测电流 I_1 间的关系为:

$$-I_1R_1=(I_1-I)R_2, I=\left(1+\frac{R_1}{R_2}\right)I_1$$

可见,改变电阻比 R_1/R_2,可调节流过电流表的电流,以提高灵敏度。如果被测电流较大时,应给电流表表头并联分流电阻。

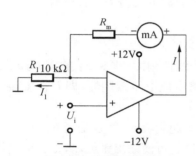

图 13.1　直流电压表

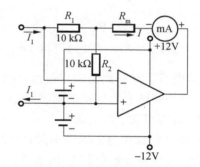

图 13.2　直流电流表

3. 交流电压表

由运算放大器、二极管整流桥和直流毫安表组成的交流电压表如图 13.3 所示。被测交流电压 u_i 加到运算放大器的同相端,故有很高的输入阻抗,又因为负反馈能减小反馈回路中的非线性影响,故把二极管桥路和表头置于运算放大器的反馈回路中,以减小二极管本身非线性的影响。

表头电流 i 与被测电压 u_i 的关系为: $i=u_i/R_1$。

电流 i 全部流过桥路,其值仅与 u_i/R_1 有关,与桥路和表头参数(如二极管的死区等非线性参数)无关。表头中电流与被测电压 u_i 的全波整流平均值成正比,若 u_i 为正弦波,则表头可按有效值来刻度。被测电压的上限频率决定于运算放大器的频带和上升速率。

4. 交流电流表

图 13.4 为浮地交流电流表,表头读数由被测交流电流 i 的全波整流平均值 I_{1AV} 决定,即 $i=\left(1+\frac{R_1}{R_2}\right)I_{1AV}$。如果被测电流 i 为正弦电流,即 $i_1=\sqrt{2}\,I_1\sin\omega t$,则上式可写为 $i=$ $0.9\left(1+\frac{R_1}{R_2}\right)I_1$。因此,表头可按有效值来刻度。

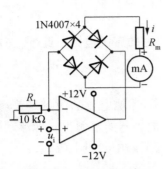

图13.3　交流电压表

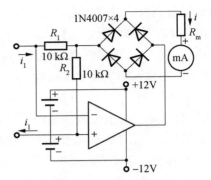

图13.4　交流电流表

5. 欧姆表

图13.5为多量程的欧姆表。在此电路中,运算放大器改由单电源供电,被测电阻R_x跨接在运算放大器的反馈回路中,同相端加基准电压U_{REF}。由于$U_P = U_N = U_{REF}$, $I_1 = I_x$, $\dfrac{U_{REF}}{R_1}$ $= \dfrac{U_o - U_{REF}}{R_x}$,即$R_x = \dfrac{R_1}{U_{REF}}(U_o - U_{REF})$。因此,流经表头的电流为$I = \dfrac{U_o - U_{REF}}{R_2 + R_m}$。

由上两式消去$(U_o - U_{REF})$可得$I = \dfrac{U_{REF} R_x}{R_1 (R_2 + R_m)}$。

可见,电流I与被测电阻成正比,而且表头具有线性刻度,改变R_1的值,可改变欧姆表的量程。这种欧姆表能自动调零,当$R_x = 0$时,电路变成电压跟随器,即$U_o = U_{REF}$,故表头电流为零,从而实现了自动调零。

二极管D起保护电表的作用,如果没有D,当R_x超量程时,特别是当$R_x \to \infty$时,运算放大器的输出电压将接近电源电压,表头过载。有了D就可使输出钳位,防止表头过载。调整R_2,可实现满量程调节。

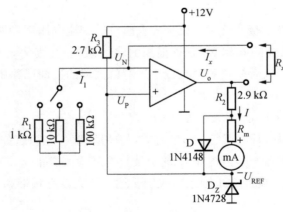

图13.5　欧姆表

五、电路设计

1. 万用电表的电路是多种多样的,建议用参考电路设计一个较完整的万用电表。

2. 万用电表用于电压、电流或欧姆测量和进行量程切换时应用开关切换,但实验时可用引接线切换。

六、注意事项

1. 在连接电源时,正、负电源连接点上各接大容量的滤波电容器和 $0.01\sim0.1\ \mu F$ 的小电容器,以消除通过电源产生的干扰。

2. 万用电表的电性能测试要用标准电压表和电流表校正,而欧姆表用标准电阻校正。考虑到实验要求不高,建议用数字式 $4\frac{1}{2}$ 位万用电表作为标准表。

七、报告要求

1. 画出完整的万用电表的设计电路原理图。

2. 将万用电表与标准表作测试比较,计算万用电表各功能挡的相对误差,分析误差原因。

3. 写出电路改进建议。

数字电子技术实验

实验一　门电路逻辑功能测试及应用

一、实验目的

掌握基本门电路的逻辑功能。

二、实验设备及器材

1. 数字电路实验箱、万用表;
2. 四个 2 输入端与非门(74HC00);
3. 漏极开路与门(OD)(74HC09);
4. 三态门(74HC126);
5. 四个 2 输入端异或门(74HC86)。

三、实验内容及步骤

1. 与非门逻辑功能测试(74HC00)

74HC00 与非门管脚及内部逻辑,如图 1.1 所示。

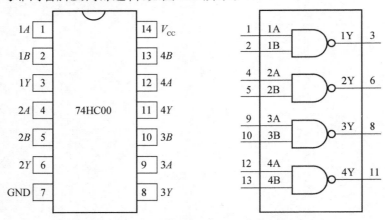

图 1.1　74HC00 与非门管脚及内部逻辑

如图 1.2 所示,任意选择 74HC00 其中一个与非门进行实验,输入端 A、B 分别接数字电路实验箱上的逻辑开关,当开关向上拨时,输入为高电平,即"H"或二进制"1";当开关向下拨时,输入为低电平,即"L"或二进制"0"。

图 1.2　单个与非门

用发光二极管(即 LED)显示门的输出状态。当 LED 亮时,门的输出状态为"1",或称高电平,用"H"表示;当 LED 暗时,门的输出状态为"0",或称低电平,用"L"表示。门的输出状态也可以用电压表测试。

按实验表 1.1 的要求,改变输入端 A、B 的逻辑状态,分别测出输出端电平,填入表 1.1 中,并判定其逻辑功能,验证是否为"与非"逻辑。

表 1.1

输入端		输出端		
A	B	LED 状态	电平(H 或 L)	电位/V
0	0			
0	1			
1	0			
1	1			

2. 利用与非门(74HC00)组成其他逻辑门电路

1) 按图 1.3 接线,输入端 A、B 分别接数字电路实验箱上的逻辑开关,当开关向上拨时,输入为高电平,即"H"或二进制"1";当开关向下拨时,输入为低电平,即"L"或二进制"0"。

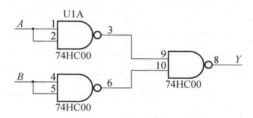

图 1.3 与非门实现其他逻辑

2) 用发光二极管(即 LED)显示门的输出状态。当 LED 亮时,门的输出状态为"1",或称高电平,用"H"表示;当 LED 暗时,门的输出状态为"0",或称低电平,用"L"表示。门的输出状态也可以用电压表或逻辑笔测试。

3) 按实验表 1.2 的要求,改变输入端 A、B 的逻辑状态,分别测出输出端电平,填入表 1.2 中,并判定其逻辑功能,验证是否是"或"逻辑。

表 1.2

输入端		输出端		
A	B	LED 状态	电平(H 或 L)	电位/V
0	0			
0	1			
1	0			
1	1			

3. 异或门逻辑功能测试(74HC86)

74HC86 引脚图如图 1.4 所示,任选其中一个异或门,将 A、B 分别接数字电路实验箱上的逻辑开关,输出端接状态显示灯,按实验表 1.3 的要求进行测试,验证其逻辑功能是否正确。

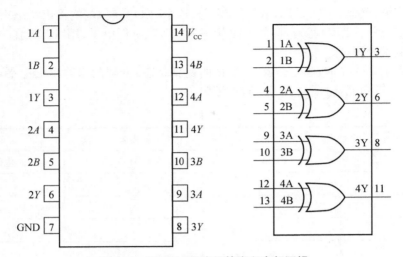

图 1.4　74HC86 异或门管脚和内部逻辑

表 1.3

输入端		输出端		
A	B	LED 状态	电平(H 或 L)	电位/V
0	0			
0	1			
1	0			
1	1			

4. 74HC126 三态门

1) 三态门(74HC126,图 1.5)的逻辑功能测试,任选其中一个三态门,将输入端 A、控制端 C(或 OE)分别接数字电路实验箱上的逻辑开关,输出端 Y 接实验箱上逻辑电平 LED 显示,按实验表 1.4 的要求进行测试(注:"×"表示任意状态)。

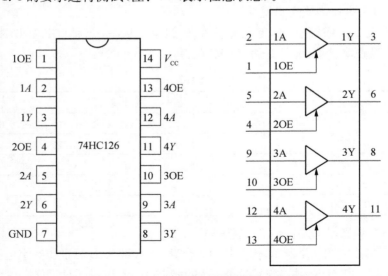

图 1.5　74HC126 三态门管脚及内部逻辑

表 1. 4

(控制端)OE	1	1	0
(输入端)A	1	0	×
(输出端)Y			

2) 按实验图 1.6 接线,控制端 OE1～OE3 及输入端 A1～A3 接实验箱上逻辑开关,按实验表 1.5 的要求,用示波器观察输出端 Y 的波形,填入表 1.5 中,了解用一个传输通道(总线)实现多路信息的采集作用。

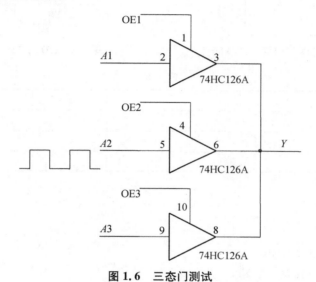

图 1.6 三态门测试

注:控制端 OE1、OE2、OE3 在任何时候只允许一个处于使能状态(为高电平 1),而其余控制端均应处于禁止状态(为低电平 0)。

表 1. 5

控制端			输入端			输出端
OE1	OE2	OE3	A1	A2	A3	Y 波形
1	0	0	0	方波	1	
0	1	0	0	方波	1	
0	0	1	0	方波	1	

5. 漏极开路与门(74HC09)OD 门

OD 门(74HC09,图 1.7)的"线与"逻辑功能测试:

按实验图 1.8 接线,A1、A2、A3 接数字电路实验箱上的逻辑开关,电路输出端 Y 接状态显示灯,按实验表 1.6 的要求,观察并记录 Y 的状态,验证"线与"功能。

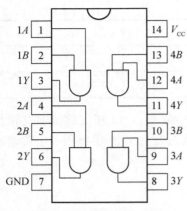

图 1.7　74HC09 与门管脚(OD 门)

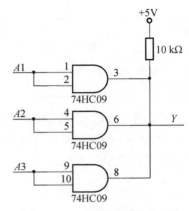

图 1.8　OD 门实现"线与"功能

表 1.6

输入	A1	0	1	0	0	1
	A2	0	0	1	0	1
	A3	0	0	0	1	1
输出	Y					

四、实验要求

1. 复习逻辑门相关知识点。
2. 用 Proteus 仿真相关电路。

五、实验报告

1. 整理实验数据,并对结果进行分析、对比。
2. 总结门电路的分析、测试方法。
3. 对实验中出现的问题进行总结。

实验二　组合逻辑电路实验分析

一、实验目的

1. 了解组合逻辑电路的竞争冒险现象及其消除方法；
2. 熟悉组合逻辑电路的特点，掌握一般组合逻辑电路的分析与设计方法；
3. 测试半加器和全加器电路的逻辑功能。

二、实验设备及器材

1. 数字电路实验箱；
2. 双踪示波器、万用表等；
3. 与非门 74HC00、异或门 74HC86、或门 74HC32。

三、实验原理

（1）组合电路是最常见的逻辑电路，可以用一些常用的门电路来组合成具有其他功能的门电路。例如，根据与门的逻辑表达式 $Z=A \cdot B=\overline{\overline{A \cdot B}}$ 得知，可以用两个与非门组合成一个与门。

（2）组合逻辑电路的分析是根据所给的逻辑电路，写出其输入、输出之间的逻辑函数表达式或真值表，从而确定该电路的逻辑功能。

（3）组合电路设计过程是在理想情况下进行的，即假设器件没有延迟效应。但实际并非如此，由于制造工艺上的原因，各器件延迟时间的离散性很大，这就导致在一个组合电路中，当输入信号发生变化时便有可能产生错误的输出。这种输出出现瞬时错误的现象称为竞争冒险（简称险象）。本实验仅对竞争冒险中的静态 0 型与 1 型冒险进行研究，0 型电路及波形如图 2.1 所示。

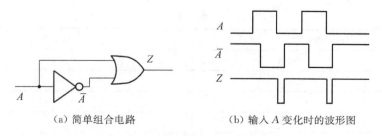

（a）简单组合电路　　　　　　（b）输入 A 变化时的波形图

图 2.1　0 型竞争冒险示意图

其输出函数 $Z=A+\overline{A}$,在电路达到稳定时,输出 Z 恒为 1。然而在输入 A 变化时(动态)从图 2.1(b)可见,在输出 Z 的某些瞬间会出现 0,即当 A 经历 $1{\rightarrow}0$ 的变化时,Z 出现窄脉冲,即电路存在静态 0 型险象。

同理,如图 2.2 所示电路,$Z=A \cdot \overline{A}$ 存在静态 1 型险象。

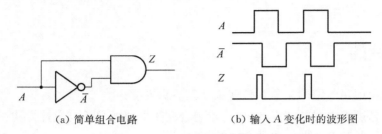

(a) 简单组合电路　　　　　　(b) 输入 A 变化时的波形图

图 2.2　1 型竞争冒险示意图

进一步研究得知,对于任何复杂的按"与或"或"或与"函数式构成的组合电路中,只要能成为 $A+\overline{A}$ 或 $A \cdot \overline{A}$ 的形式,必然存在险象。为了消除此险象,可以增加校正项,前者的校正项为被赋值各变量的"乘积项",后者的校正项为被赋值各变量的"和项"。

还可以用卡诺图的方法来判断组合电路是否存在静态险象,以及找出校正项来消除静态险象。

四、实验内容与步骤

1. 半加器逻辑电路

1) 分析、测试用异或门 74HC86 和与非门 74HC00 组成的半加器逻辑电路(图 2.3)。

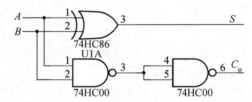

图 2.3　半加器逻辑电路

2) 在实验箱上选定两个插座,插好异或门 74HC86 和与非门 74HC00,并按图 2.3 所示接好连线,A、B 两输入端分别接到逻辑开关。S、C_o 分别接到逻辑电平 LED 显示输入插口。按表 2.1 的要求进行逻辑状态的测试,并将结果填入表中,写出逻辑表达式,验证其正确性。

表 2.1

输入端		输出端	
A	B	S	C_o
0	0		
0	1		
1	0		
1	1		

2. 全加器逻辑电路

1）用异或门 74HC86 和与非门 74HC00 设计一个全加器，画出逻辑图，如图 2.4 所示，并按逻辑图进行连线，列真值表如表 2.2 所示，验证其功能的正确性。

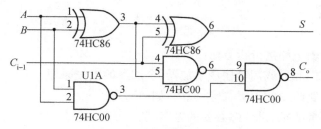

图 2.4 全加器逻辑电路

2）A、B、C_{i-1} 接实验箱上的逻辑开关，S、C_o 接状态显示 LED 灯，改变 A、B、C_{i-1} 的值，按表 2.2 进行测试并填入结果。

表 2.2

输入端			输出端	
A	B	C_{i-1}	S	C_o
0	0	0		
0	1	0		
1	0	0		
1	1	0		
0	0	1		
0	1	1		
1	0	1		
1	1	1		

3）根据真值表画出逻辑函数 S、C_o 的卡诺图，写出其逻辑表达式。

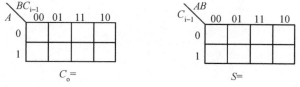

3. 观察竞争冒险现象

用与非门 74HC00 按图 2.5 接线，当 $B=1$，$C=1$ 时，A 输入方波（$f>1$ MHz），用示波器观察 Z 输出波形并用添加校正项方法消除险象。

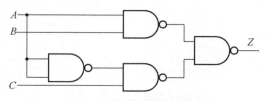

图 2.5 竞争冒险实验电路

　*4. 设计一个三人无弃权表决电路(多数赞成则提案通过),并通过实验验证其正确性。本设计要求采用与非门实现。

五、实验要求

　1. 复习组合逻辑电路的分析方法。
　2. 复习用与非门和异或门等构成半加器、全加器的工作原理。
　3. 复习组合电路险象的种类、产生原因,如何防止。
　4. 根据实验任务要求,设计好必要的电路图。

六、实验报告

　1. 整理实验数据、图表,并对实验结果进行分析讨论。
　2. 总结组合电路的分析与测试方法。
　3. 对竞争冒险现象进行讨论。

实验三　集成触发器的逻辑功能测试

一、实验目的

1. 掌握基本 D 触发器、JK 触发器、T 触发器的逻辑功能；
2. 掌握集成触发器的使用方法和逻辑功能的测试方法；
3. 熟悉触发器之间的相互转换方法。

二、实验设备及器材

1. 数字电路实验箱；
2. 双踪示波器、万用表等；
3. 双 D 触发器（74HC74）；
4. 四与非门（74HC00）；
5. 双 JK 触发器（74HC112）。

三、实验内容及步骤

1. D 触发器（74HC74）测试（图 3.1）

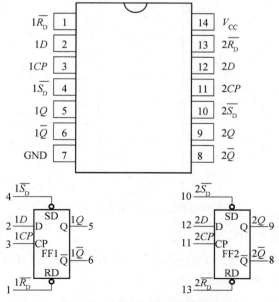

图 3.1　74HC74 双 D 触发器管脚及内部逻辑

1) D 触发器的 $\overline{R_{\mathrm{D}}}$、$\overline{S_{\mathrm{D}}}$ 功能测试

将 $\overline{R_{\mathrm{D}}}$、$\overline{S_{\mathrm{D}}}$ 端分别接逻辑开关,Q、$\overline{Q}$ 接实验箱上的状态显示 LED 灯,D 及 CP 处于任意状态,按表 3.1 的要求进行测试,并将测试结果填入表中,总结出 $\overline{R_{\mathrm{D}}}$、$\overline{S_{\mathrm{D}}}$ 有何功能。

表 3.1

CP	D	$\overline{R_{\mathrm{D}}}$	$\overline{S_{\mathrm{D}}}$	Q	$\overline{Q}$
×	×	1→0	1		
×	×	1	1→0		

2) D 触发器的逻辑功能测试

先将 D 触发器置成所要求的初始状态,再将 $\overline{R_{\mathrm{D}}}$、$\overline{S_{\mathrm{D}}}$ 接高电平,CP 端接单脉冲,按表 3.2 的要求进行测试,并将结果填入表中。

表 3.2

D	CP	Q^n(现态)	Q^{n+1}(次态)
0	⎍	0	
		1	
1	⎍	0	
		1	

2. JK 触发器的逻辑功能测试(74HC112)(下降沿触发)

74HC112 双 JK 触发器的管脚图,如图 3.2 所示。

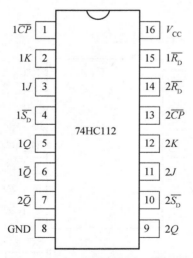

图 3.2　74HC112 双 JK 触发器管脚图

1) JK 触发器 $\overline{R_{\mathrm{D}}}$、$\overline{S_{\mathrm{D}}}$ 的功能测试

将 J、K、$\overline{R_{\mathrm{D}}}$、$\overline{S_{\mathrm{D}}}$ 分别接实验箱上的逻辑开关,Q、$\overline{Q}$ 接状态显示灯,CP 端接单脉冲或置成任意状态,按表 3.3 要求进行测试,并将结果填入表中。

表 3.3

$\overline{CP}$	J	K	$\overline{R_D}$	$\overline{S_D}$	Q	$\overline{Q}$
×	×	×	1→0	1		
×	×	×	1	1→0		

2）JK 触发器的逻辑功能测试

将 JK 触发器置成所要求的初始状态，CP 端加单脉冲，改变 J、K 端状态，按表 3.4 的要求进行测试，并将测试结果填入表中。

表 3.4　（下降沿有效，且 $\overline{S_D}$ 和 $\overline{R_D}$ 都置高电平）

J	K	$\overline{CP}$	Q^n（现态）	Q^{n+1}（次态）
0	0	⊓	0	
			1	
0	1	⊓	0	
			1	
1	0	⊓	0	
			1	
1	1	⊓	0	
			1	

3. 触发器间的相互转换

1）JK 触发器（74HC112）转换为 D 触发器

（1）按图 3.3 进行接线，并按表 3.5 的要求进行测试，并将结果填入表中。

（2）按测试结果写出逻辑表达式，看是否符合 D 触发器的逻辑功能。

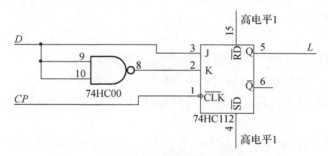

图 3.3　JK 触发器转换为 D 触发器

表 3.5

D	CP	Q^n（现态）	Q^{n+1}（次态）
0	⊓	0	
		1	
1	⊓	0	
		1	

2) 将 D 触发器(74HC74)转换为 T′触发器

(1) 将 D 触发器按图 3.4 接成 T′触发器,CP 端输入单次脉冲,按实验表 3.6 进行测试,并记录测试结果。

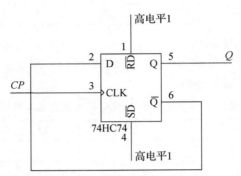

图 3.4　D 触发器转换为 T′触发器

(2) 在 CP 端输入连续脉冲,用示波器观察并记录 CP、Q、$\overline{Q}$ 的波形。

表 3.6

CP	Q	$\overline{Q}(D)$
0	0	
1		
2		
3		
4		

四、实验要求

1. 各芯片的电源和地的引脚不能接反,否则容易烧坏芯片。

2. 使用单脉冲时应注意哪个是高电平,哪个是低电平。

3. 观察输出结果时可以用电平输出指示灯(即状态显示灯),也可以用万用表测量输出电压。

4. CP 作用前触发器的原状态称为现态,用 Q^n 表示,CP 作用后触发器的新状态称为次态,用 Q^{n+1} 表示。

5. ⌐_ 表示脉冲从 1 态到 0 态, _⌐ 表示脉冲从 0 态到 1 态。

五、实验报告

1. 整理各触发器的逻辑功能及 $\overline{S_D}$ 和 $\overline{R_D}$ 各输入端的作用。

2. 画出观察到的各种波形。

3. 从实验所得结果,分析基本触发器的功能,说明禁止状态的意义。

实验四　计数器

一、实验目的

1. 掌握二进制加法、减法计数器的工作原理；
2. 掌握 8421 码计数器的工作原理，理解分频器作用。

二、实验设备及器材

1. 数字电路实验箱；
2. 示波器、万用表等；
3. 与门（74HC08）、与非门（74HC00）、双 JK 触发器（74HC112）两片、计数器（74HC161）。

三、实验内容及步骤

1. 三位异步二进制加法计数器
1）按图 4.1 接线（注：74HC112 为下降沿触发）。

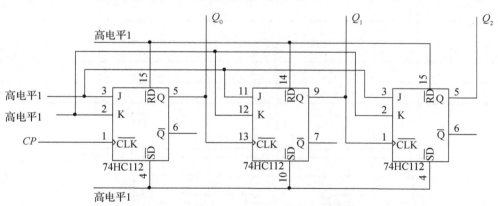

图 4.1　JK 触发器 74HC112 构成的异步加计数器

2）清零。
3）在 $\overline{CP}$ 端加单脉冲，按实验表 4.1 的要求进行测试。
4）在 $\overline{CP}$ 端加连续脉冲，观察并记录各触发器 Q 端输出波形。

表 4.1

$\overline{CP}$	二进制数码			十进制数码
	Q_2	Q_1	Q_0	
0				
1				
2				
3				
4				
5				
6				
7				

2. 三位异步二进制减法计数器

1) 按图 4.2 接线(注:74HC112 为下降沿触发)。

2) 清零。

3) 在 $\overline{CP}$ 端加单脉冲,按实验表 4.2 的要求进行测试。

4) 在 $\overline{CP}$ 端加连续脉冲,观察并记录各触发器 Q 端输出波形。

表 4.2

$\overline{CP}$	二进制数码			十进制数码
	Q_2	Q_1	Q_0	
0				
1				
2				
3				
4				
5				
6				
7				

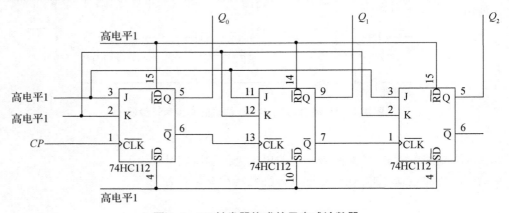

图 4.2　JK 触发器构成的异步减计数器

3. 集成二进制计数器 74HC161 功能测试

测试 74HC161 的逻辑功能（计数、清除、置数、使能及进位等）。CP 选用手动单次脉冲或 1 Hz 方波，输出接发光二极管 LED 显示。

本实验选用四位二进制计数器 74HC161 做计数器，该计数器外加适当的反馈电路可以构成十六进制以内的任意进制计数器。74HC161 除了具有二进制加法计数功能外，还具有预置数、清零、保持的功能。图 4.3 中，$\overline{PE}$ 是预置数控制端，D_3、D_2、D_1、D_0 是预置数据输入端，$\overline{CR}$ 是清零端，CET、CEP 是计数器使能控制端，TC 是进位信号输出端。

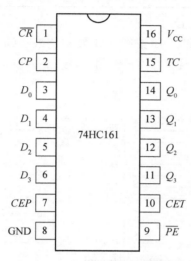

图 4.3　74HC161 计数器管脚图

1）异步清零功能

若 $\overline{CR}=0$（低电平），则输出 $Q_3Q_2Q_1Q_0=0000$，与其他输入信号无关，也不需要 CP 脉冲的配合，所以称为"异步清零"。

2）同步并行置数功能

在 $\overline{CR}=1$、$\overline{PE}=0$ 的条件下，当 CP 上升沿到来时，触发器的输出 $Q_3Q_2Q_1Q_0$ 同时接收 D_3、D_2、D_1、D_0 输入端的并行数据。由于数据进入计数器需要 CP 脉冲的作用，所以称为"同步置数"，由于 4 个触发器同时置入，又称为"并行"。

3）保持功能

在 $\overline{CR}=1$、$\overline{PE}=1$ 的条件下，CET、CEP 两个使能端只要有一个低电平，计数器将处于数据保持状态，与 CP 及 D_3、D_2、D_1、D_0 输入无关。

4）计数功能

在 $\overline{CR}=1$、$\overline{PE}=1$、$CEP=1$、$CET=1$ 的条件下，计数器对 CP 端输入脉冲进行计数，计数方式为二进制加法，状态变化在 $Q_3Q_2Q_1Q_0=0000\sim1111$ 间循环。

74HC161 的功能详见表 4.3。

表 4.3

清零	预置	使能		时钟	预置数据				输出			
$\overline{CR}$	$\overline{PE}$	CEP	CET	CP	D_3	D_2	D_1	D_0	Q_3	Q_2	Q_1	Q_0
0	×	×	×	×	×	×	×	×	0	0	0	0
1	0	×	×	↑	D	C	B	A	D	C	B	A
1	1	0	×	×	×	×	×	×	保持			
1	1	×	0	×	×	×	×	×	保持			
1	1	1	1	↑	×	×	×	×	计数			

4. 计数器 74HC161 测试

1) 二进制加法计数器 74HC161 按图 4.4 要求连线。CP 接单脉冲(手动按键),输出 $Q_0 \sim Q_3$ 接 LED 发光管显示。观察在 CP 作用下,输出 $Q_0 \sim Q_3$ 的状态,填在表 4.4 中,验证 74HC161 的计数功能。

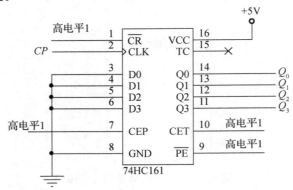

图 4.4　74HC161 二进制计数器基本电路

表 4.4

CP	二进制数码				十进制数码
	Q_3	Q_2	Q_1	Q_0	
0					
1					
2					
3					
4					
5					
6					
7					
8					
9					
10					
11					

续表

CP	二进制数码				十进制数码
	Q_3	Q_2	Q_1	Q_0	
12					
13					
14					
15					

2）采用二进制加法计数器 74HC161 可以构成七进制计数器。

例如，若要采用同步置数法构成七进制计数器。按图 4.5 要求连线。CP 接单脉冲（或 20 Hz 以下的连续脉冲），输出 $Q_0 \sim Q_3$ 接 LED 发光管显示。观察在 CP 作用下，输出 $Q_0 \sim Q_3$ 的状态，填在表 4.5 中。画出状态图，说明电路是七进制计数器。

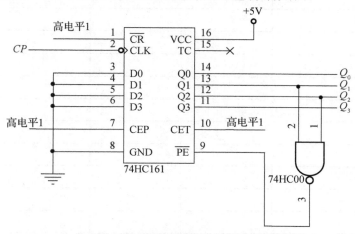

图 4.5 同步置数法构成七进制计数器

表 4.5

CP	二进制数码				七进制数码
	Q_3	Q_2	Q_1	Q_0	
0					
1					
2					
3					
4					
5					
6					
7					
8					
9					

3）采用二进制加法计数器 74HC161 可以构成任意进制计数器。

例如，若要采用异步清零法构成 x 进制计数器，按图 4.6 要求连线。CP 接单脉冲（或

20 Hz 以下的连续脉冲),输出 $Q_0 \sim Q_3$ 接 LED 发光管显示。观察在 CP 作用下,输出 $Q_0 \sim Q_3$ 的状态并记录在表 4.6 中,画出状态图,说明电路是几进制计数器。

表 4.6

CP	二进制数码				x 进制数码
	Q_3	Q_2	Q_1	Q_0	
0					
1					
2					
3					
4					
5					
6					
7					
8					
9					
10					
11					
12					
13					
14					
15					

补充:请实验时修改图 4.6,构成九进制、十进制、十二进制或其他进制的计数器。

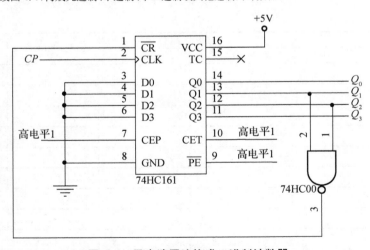

图 4.6　异步清零法构成 x 进制计数器

四、实验要求

1. 复习触发器、计数器相关知识。
2. 实验中应注意高低电平对使能端的作用。
3. 用 Proteus 仿真相关电路。
4. 比较计数器在不同进制时电路的异同。

五、实验报告

1. 整理实验数据，画出波形图。
2. 分析异步二进制加法、减法计数器的异同点。
3. 分析 74HC161 构成其他进制计数器的方法。

实验五　计数器、译码器与显示电路

一、实验目的

1. 熟悉计数器、译码器、显示器件组成计数、译码、显示电路的方法;
2. 了解集成电路使用的知识及其使用注意事项;
3. 学会使用七段 LED 数码管显示器。

二、实验设备及器材

1. 数字电路实验箱、计数器(74HC161);
2. 七段数码管显示译码器(CD4511 或 74HC161);
3. 七段数码管显示器、电阻若干。

三、实验内容及步骤

1. 了解器件

CD4511 译码器的管脚图如图 5.1 所示。七段数码管的管脚图如图 5.2 所示。

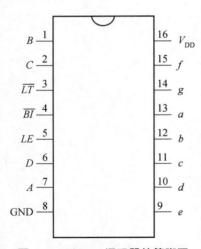

图 5.1　CD4511 译码器的管脚图

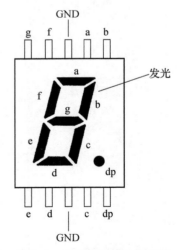

图 5.2　七段数码管的管脚图

2. 验证显示译码器 CD4511 的功能

1) 将 CD4511 的各输出端与数码管的对应端相连,给 CD4511 接上 +5 V 的电源,如图 5.3 所示。

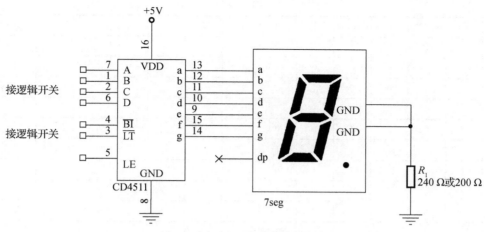

图 5.3　CD4511 功能测试电路

2) $\overline{LT}$接低电平,任意改变其他输入端的状态(但不要悬空),观察数码管的显示状态,并将结果记入表 5.1 中。

表 5.1

$\overline{LT}$	$\overline{BI}$	D	C	B	A	a	b	c	d	e	f	g	LE	显示
0	×	×	×	×	×								x	

3) $\overline{LT}$接高电平,$\overline{BI}$接低电平,改变其他输入状态,观察数码管的状态变化,将观察结果记入表 5.2 中。

表 5.2

$\overline{LT}$	$\overline{BI}$	D	C	B	A	a	b	c	d	e	f	g	LE	显示
1	0	×	×	×	×								x	

4) 将$\overline{LT}$、$\overline{BI}$接高电平,将 LE 分别接高、低电平,改变 A、B、C、D 的状态,观察数码管的状态变化,将结果记入表 5.3 中。

表 5.3

$\overline{LT}$	$\overline{BI}$	D	C	B	A	a	b	c	d	e	f	g	LE	显示
1	1	×	×	×	×								0	
		0	0	0	1									
1	1	×	×	×	×								1	
		1	0	0	1									

5) 将$\overline{LT}$、$\overline{BI}$接高电平,LE 接低电平,改变 A、B、C、D 的状态,观察数码管的状态变化,将结果记入表 5.4 中。

表 5.4

$\overline{LT}$	$\overline{BI}$	LE	D	C	B	A	a	b	c	d	e	f	g	显示
1	1	0	0	0	0	0								
1	1	0	0	0	0	1								
1	1	0	0	0	1	0								
1	1	0	0	0	1	1								
1	1	0	0	1	0	0								
1	1	0	0	1	0	1								
1	1	0	0	1	1	0								
1	1	0	0	1	1	1								
1	1	0	1	0	0	0								
1	1	0	1	0	0	1								
1	1	0	1	0	1	0								
1	1	0	1	0	1	1								
1	1	0	1	1	0	0								
1	1	0	1	1	0	1								
1	1	0	1	1	1	0								
1	1	0	1	1	1	1								

3. 计数、译码及显示电路功能测试(74HC161 和 CD4511)

按实验图 5.4 连接电路,从 CP 端输入单脉冲或连续脉冲,观察 Q_0、Q_1、Q_2、Q_3 的状态,并观察七段数码管的显示,填在表 5.5 中。

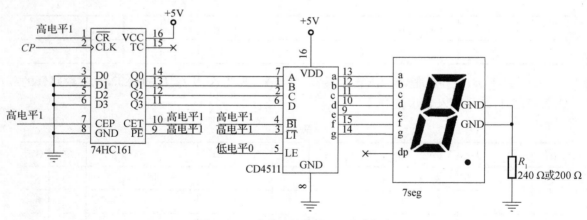

图 5.4 二进制计数与译码、显示电路

表 5.5

$\overline{LT}$	$\overline{BI}$	LE	D	C	B	A	a	b	c	d	e	f	g	显示
1	1	0	0	0	0	0								
1	1	0	0	0	0	1								
1	1	0	0	0	1	0								

续表

$\overline{LT}$	$\overline{BI}$	LE	D	C	B	A	a	b	c	d	e	f	g	显示
1	1	0	0	0	1	1								
1	1	0	0	1	0	0								
1	1	0	0	1	0	1								
1	1	0	0	1	1	0								
1	1	0	0	1	1	1								
1	1	0	1	0	0	0								
1	1	0	1	0	0	1								
1	1	0	1	0	1	0								
1	1	0	1	0	1	1								
1	1	0	1	1	0	0								
1	1	0	1	1	0	1								
1	1	0	1	1	1	0								
1	1	0	1	1	1	1								

四、实验要求

1. 熟悉七段数码管的共阳、共阴结构。
2. 注意 CD4511 中特殊引脚并非使能端。
3. 用 Proteus 仿真相关电路。

五、实验报告

1. 阅读有关 CD4511、74HC161 以及数码管的内容。
2. 复习有关 CMOS 集成电路使用时的注意事项。
3. 记录并整理实验数据及结果,并对所得的结果进行分析。

实验六　施密特触发器及单稳态触发器

一、实验目的

1. 掌握使用门电路构成单稳态触发器的基本方法；
2. 了解施密特触发器的工作特点及回差电压的测量方法；
3. 了解单稳态触发器的特点,测量暂稳状态时间,观测分析决定暂稳时间的因素。

二、实验设备及器材

1. 双踪示波器、数字电路实验箱；
2. 与非门(74HC00)；
3. 电容器、电阻器若干。

三、实验内容及步骤

1. 施密特触发器

1) 图 6.1 所示的是一个由与非门组成的施密特触发器,它有两个特点：

(1) 电路有两个稳态,因此,是一个双稳态电路；

(2) 电路状态的翻转依赖于外触发信号电平,一旦外触发信号幅度降低到一定电平以下,电路立即恢复到初始稳定状态。

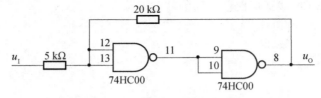

图 6.1　与非门构成的施密特触发器

2) 回差电压的测量方法：

(1) 按图 6.1 接线后再将施密特触发器的输入端 u_I 接至 1 kΩ 电位器 R_W 的可调端,接成图 6.2 的形式,然后调节 R_W(即改变 u_I 的电平)。

(2) 当 u_I 由高电平下降时,用万用表观测 u_O 的状态,当它由 1 变 0 时,记录 u_I 值。

$$u_I = U_- = \underline{\qquad\qquad}(V)$$

(3) 当 u_I 由低电平上升时,用万用表观测 u_O 的状态,记录 u_O 由 0 变 1 时 u_I 的大小。

$$u_1 = U_+ = \underline{\hspace{3cm}}(V)$$

则回差电压：

$$\Delta U = U_+ - U_- = \underline{\hspace{3cm}}(V)$$

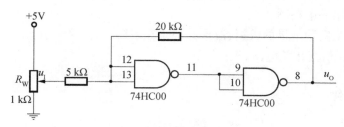

图 6.2　回差电压测量电路

2. 单稳态触发器

1) 单稳态触发器具有下列特点：

(1) 它有一个稳定状态和一个暂稳状态；

(2) 在外来触发脉冲的作用下能够由稳定状态翻转到暂稳状态；

(3) 暂稳状态维持一段时间以后，将自动返回到稳定状态，而稳定状态时间的长短与触发脉冲无关，仅决定于电路本身的参数。

2) 微分型脉冲触发单稳态电路。

(1) 按图 6.3 所示电路进行接线，74HC00 与非门 1,2 及电容 C、电阻 R 构成微分型单稳电路，这种微分单稳电路 u_1 的脉冲宽度 t_{pi} 一般要求小于单稳输出脉宽 t_{po}，如果输入脉冲的宽度 t_{pi} 很宽，则在单稳输入端加上 R_d、C_d 微分电路。

(2) 按图接线后，将输入端 u_1 接单脉冲源，u_O 接逻辑电平 LED 显示。可以发现触发后的输出 u_O 将维持一段时间的暂稳态。

(3) 改变电路中电阻和电容的值（如更换为 0.1 μF 电容），求出脉宽理论值并与实测值进行比较。

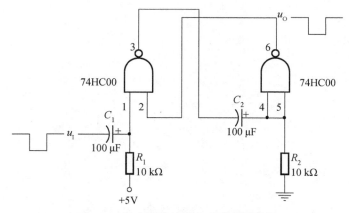

图 6.3　微分型脉冲触发单稳态触发器

注：u_1 的输入脉冲可以采用手动按键测试。

四、实验要求

1. 复习有关单稳态触发器和施密特触发器的内容。
2. 画出实验用的电路图。
3. 整理并记录实验结果的数据、波形并记录在表格。
4. 用 Proteus 仿真相关电路。

五、实验报告

1. 绘出实验电路图,用方格纸记录波形。
2. 分析各次实验结果的波形,验证有关电路的理论。
3. 通过实验总结施密特触发器和单稳电路的一些特点。

实验七　门电路搭建多谐振荡器

一、实验目的

1. 掌握使用门电路构成脉冲信号产生电路的基本方法；
2. 掌握由与非门组成的多谐振荡器的工作原理。

二、实验设备及器材

1. 数字电路实验箱、数字万用表；
2. 与非门（74HC00）；
3. 电容 1 000 pF、0.47 μF、0.1 μF 的电容器；
4. 阻值 1.2 kΩ、4.7 kΩ、120 Ω 的电阻器，电位器 1 kΩ。

三、实验内容及步骤

1. 74HC00 与非门组成基本多谐振荡器

1) 按实验图 7.1 进行接线，实验时，电阻 R_1 选择 4.7 kΩ～68 kΩ 都可以，若输出方波不理想，可在输出端 u_O 再加一级反相器（非门）。

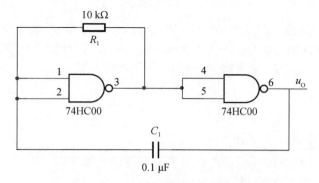

图 7.1　基本多谐振荡电路

2) 用示波器观测并记录输出端 u_O 的波形。

2. 对称环形振荡电路

1) 按实验图 7.2 进行接线。

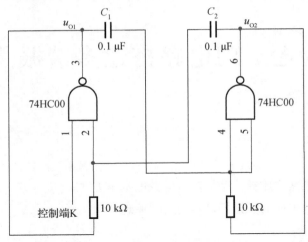

图 7.2　对称环形多谐振荡电路

2) 用示波器观测并记录 u_{O1}、u_{O2} 的波形,了解控制端的作用。

3) 在图 7.2 中将控制端 K 分别接高电平"1"和低电平"0",观察 u_{O1}、u_{O2} 的波形,了解控制端 K 的作用。

　3. **由 74HC00 与非门组成环形振荡器**

用与非门 74HC00 按图 7.3 接线,其中可调电阻 R_1 用实验箱自带的电位器,电容 $C_1 = 0.1\ \mu F$。

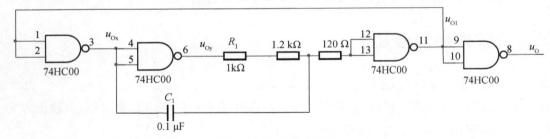

图 7.3　RC 环形振荡器

1) 电位器 R_1 调到最大阻值时,观察并记录 u_{Ox},u_{Oy},u_{O1} 及 u_O 各点电压的波形,测出 u_O 的周期 T 和 u_O 负脉冲宽度值(电容 C 的充电时间)并与理论计算值比较。

2) 改变电位器 R_1 的值,观察输出信号 u_O 波形的变化情况。

四、实验要求

1. 复习多谐振荡器相关知识。
2. 思考 74HC00 构成的环形振荡器频率调节范围受哪些因素影响。
3. 用 Proteus 仿真相关电路。

五、实验报告

1. 整理实验记录,归纳改变振荡器频率的方法。
2. 画出波形图,说明控制端 K 的作用。

实验八　555 型集成时基电路及其应用

一、实验目的

　　1. 熟悉 555 型集成时基电路的结构、工作原理及其特点；
　　2. 掌握 555 型集成时基电路的基本应用。

二、实验设备及器材

　　1. 数字电路实验箱、双踪示波器；
　　2. 函数信号发生器、万用表等；
　　3. NE555 集成时基电路 2 片。

三、实验内容及步骤

　　1. 用 555 定时器组成多谐振荡器
　　1）按图 8.1 接线，用双踪示波器观测 u_O 的波形，测定周期 T 和频率 f。
　　2）调节电位器 R_W 使其占空比改变，观察 u_O 波形，说明电阻 R_W 对占空比有何影响。固定 R_W 后测定波形周期 T 和频率 f。

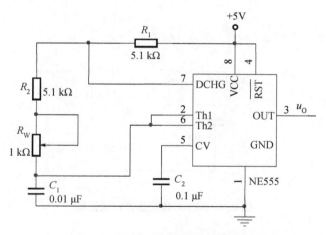

图 8.1　NE555 构成多谐振荡电路

　　3）记录以上所观测到的波形，并比较这些波形，看这些波形有什么异同。
　　2. 用 555 定时器组成单稳态触发器
　　1）按图 8.2 接线，取 $R=100$ kΩ，$C_3=100$ μF，输出接 LED 电平指示器。触发输入信号

u_1 由逻辑开关提供（初始状态逻辑电平为"1"，触发时逻辑电平为"0"），观察 u_O 电平的变化，并测定幅度与暂稳态时间（可用手机粗略计时）。

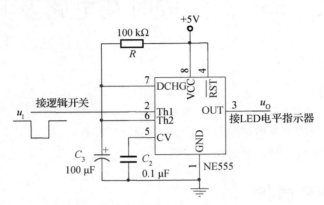

图 8.2　单稳态触发器

2）将 R 改为 $1\ k\Omega$，C_3 改为 $0.1\ \mu F$，输入端加 $1\ kHz$ 的连续脉冲，观察输出波形 u_O，测定幅度及延时时间。

3）记下所观察到的波形，记录测定的数据。

3. 施密特触发器

按图 8.3 接线，输入信号 u_1 由函数信号发生器提供，预先调好 u_1 的频率为 $1\ kHz$ 的三角波，幅度为 $10\ V$，接通电源，用双踪示波器观测 u_1 和 u_O 的波形，测绘电压传输特性，计算出回差电压 ΔU。

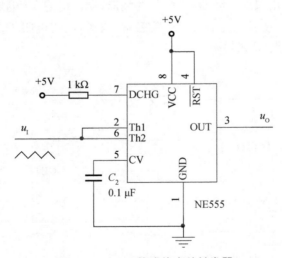

图 8.3　NE555 构成施密特触发器

四、实验要求

1. 复习有关 555 定时器的工作原理及其应用。

2. 拟定实验中所需的数据、波形表格。

3. 如何用示波器测定施密特触发器的电压传输特性曲线？

4. 用 Proteus 设计仿真一个基于 NE555 的触摸式开关实时控制器，输出正脉冲宽度约为 10 s。

五、实验报告

1. 绘出详细的实验线路图，定量绘出观测到的波形。

2. 分析、总结实验结果。

实验九　移位寄存器及其使用

一、实验目的

1. 掌握中规模 4 位双向移位寄存器逻辑功能及其使用方法;
2. 熟悉移位寄存器的应用——构成串行累加器和环行计数器。

二、实验设备及器材

1. 单次脉冲源、数字万用表;
2. 数字电路实验箱;
3. 移位寄存器 74HC194、D 触发器 74HC74。

三、实验内容及步骤

1. 移位寄存器

移位寄存器是一个具有移位功能的寄存器,是指寄存器中所存的代码能够在移位脉冲的作用下依次左移或右移。既能左移又能右移的称为双向移位寄存器,只需要改变左移、右移的控制信号便可实现双向移位要求。根据移位寄存器存取信息的方式不同可分为:串入串出、串入并出、并入串出、并入并出四种形式。

本实验选用的 4 位双向通用移位寄存器,型号为 74HC194 或 CC40194,两者功能相同,可互换使用,其逻辑符号及引脚排列如图 9.1 所示。图中 D_3、D_2、D_1、D_0 为并行输入端;Q_3、Q_2、Q_1、Q_0 为并行输出端;S_R 为右移串行输入端,S_L 为左移串行输入端;S_1、S_0 为操作模式控制端;$\overline{CR}$ 为直接无条件清零端;CP 为时钟脉冲输入端。

74HC194 有五种不同的操作模式:并行送数寄存、右移(方向由 $Q_3 \rightarrow Q_0$)、左移(方向由 $Q_0 \rightarrow Q_3$)、保持及清零。

模式控制端 S_1、S_0 和清零端 $\overline{CR}$ 的控制作用如表 9.1 所示。

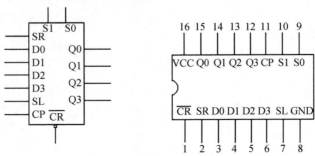

图 9.1　74HC194 的引脚排列

表 9.1

CP	$\overline{CR}$	S_1	S_0	功能	Q_3、Q_2、Q_1、Q_0
$\times$	0	$\times$	$\times$	清零	$\overline{CR}=0$ 时，使 $Q_3Q_2Q_1Q_0=0000$。寄存器正常工作时，令 $\overline{CR}=1$
$\uparrow$	1	1	1	置数	CP 上升沿作用后，并行输入数据送入寄存器。$Q_3Q_2Q_1Q_0=D_3D_2D_1D_0$，此时串行数据($S_R$、$S_L$)被禁止
$\uparrow$	1	0	1	右移	串行数据送至右移输入端 S_R，CP 上升沿进行右移，$Q_3Q_2Q_1Q_0=S_RQ_3Q_2Q_1$
$\uparrow$	1	1	0	左移	串行数据送至左移输入端 S_L，CP 上升沿进行左移 $Q_3Q_2Q_1Q_0=Q_2Q_1Q_0S_L$
$\uparrow$	1	0	0	保持	CP 作用后寄存器内容保持不变，$Q_3^{n+1}Q_2^{n+1}Q_1^{n+1}Q_0^{n+1}=Q_3^nQ_2^nQ_1^nQ_0^n$。
$\downarrow$	1	$\times$	$\times$	保持	$Q_3^{n+1}Q_2^{n+1}Q_1^{n+1}Q_0^{n+1}=Q_3^nQ_2^nQ_1^nQ_0^n$

2. 移位寄存器的应用

移位寄存器应用很广，可构成移位寄存器型计数器、顺序脉冲发生器、串行累加器；可用作数据转换，即把串行数据转换为并行数据，或把并行数据转换为串行数据等。本实验研究移位寄存器用作环形计数器和串行累加器的线路及其原理。

1）环形计数器

把移位寄存器的输出反馈到它的串行输入端，就可以进行循环移位，如图 9.2 所示，把输出端 Q_0 和右移串行输入端 S_R 相连，设初始状态 $Q_3Q_2Q_1Q_0=1000$，则在时钟脉冲作用下 $Q_3Q_2Q_1Q_0$ 将依次变为 0100→0010→0001→1000→……可见它是一个具有四个有效状态的计数器，这种类型的计数器通常称为环形计数器。图 9.2 电路可以由各个输出端输出在时间上有先后顺序的脉冲，因此也可作为顺序脉冲发生器。

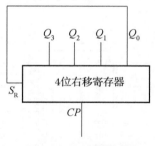

图 9.2　环形计数器

2）串行累加器

累加器是由移位寄存器和全加器组成的一种求和电路，它的功能是将本身寄存的数和另一个输入的数相加，并存放在累加器中。

图 9.3 是由两个右向移位寄存器、一个全加器和一个进位触发器组成的串行累加器。

假设开始时，被加数 $A=A_{n-1}\cdots A_0$ 和加数 $B=B_{n-1}\cdots B_0$ 已分别存入 $n+1$ 位累加和移位寄存器和加数移位寄存器，再设进位触发器 D 端已被清零。

在第一个 CP 脉冲到来之前，全加器各输入、输出端的情况为：$A_n=A_0$，$B_n=B_0$，$C_{n-1}=0$，$S_n=A_0+B_0+0=S_0$，$C_n=C_0$。

当第一个 CP 脉冲到来之后，S_0 存入累加和移位寄存器的最高位，C_0 存入进位触发器 D 端，且两个移位寄存器中的内容都向右移动一位。全加器输出为 $S_n=A_1+B_1+C_0=S_1$，$C_n=C_1$。

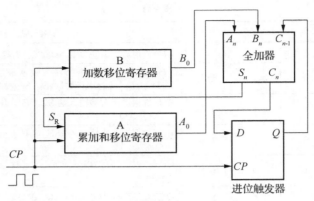

图 9.3　串行累加器结构框图

在第二个脉冲到来之后,两个移位寄存器的内容又右移一位,S_1 存入累加和移位寄存器的最高位,原先存入的 S_0 进入次高位,C_1 存入进位触发器 Q 端,全加器输出为 $S_n = A_2 + B_2 + C_1 = S_2$,$C_n = C_2$。

如此顺序进行,到第 $n+1$ 个 CP 时钟脉冲后,不仅原先存入两个移位寄存器中的数已被全部移出,且 A、B 两个数相加的和及最后的进位 C_{n-1} 也被全部存入累加和移位寄存器中,若需继续相加,则加数移位寄存器中需要再一次存入新的加数。

3. 测试 74HC194 的逻辑功能

按图 9.4 接线,$\overline{CR}$、S_1、S_0、S_L、S_R、D_3、D_2、D_1、D_0 分别接至逻辑开关的输出插口;Q_3、Q_2、Q_1、Q_0 接至 LED 逻辑电平显示输入插口。CP 端接单次脉冲源输出插口。按表 9.2 所规定的输入状态,逐项进行测试。

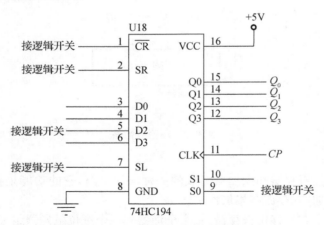

图 9.4　74HC194 逻辑功能图

1) 清除:令 $\overline{CR} = 0$,其他输入为任意态,这时寄存器输出 Q_3、Q_2、Q_1、Q_0 应该均为 0。清除后,置 $\overline{CR} = 1$。

2) 送数:令 $\overline{CR} = S_0 = S_1 = 1$,送入任意 4 位二进制数,如 $D_3 D_2 D_1 D_0 = 1010$,加 CP 脉冲,观察 $CP = 0$、CP 由 $0 \to 1$、CP 由 $1 \to 0$ 三种情况下寄存器输出状态的变化,观察寄存器输出状态的变化是否发生在 CP 脉冲的上升沿。

3）右移：清零后，令$\overline{CR}=1,S_1=0,S_0=1$，由右移输入端 S_R 送入二进制数码，如 0101，由 CP 端连续加 4 个脉冲，观察输出情况，记录之。

4）左移：先清零或预置，再令$\overline{CR}=1,S_1=1,S_0=0$，由左移输入端 S_L 送入二进制数码，如 1011，由 CP 端连续加 4 个脉冲，观察输出情况，记录之。

5）保持：寄存器预置任意 4 位二进制数码#dcba，令$\overline{CR}=1,S_0=S_1=0$，加 CP 脉冲，观察输出情况，记录之。

表 9.2

| 清除 | 模式 | | 时钟 | 串行 | | 输入 | 输出 | 功能 |
$\overline{CR}$	S_1	S_0	CP	S_L	S_R	$D_3D_2D_1D_0$	$Q_3Q_2Q_1Q_0$	总结
0	×	×	×	×	×	× × × ×		
1	1	1	↑	×	×	0101		
1	0	1	↑	×	0	1010		
1	0	1	↑	×	1	1010		
1	1	0	↑	1	×	1010		
1	1	0	↑	0	×	1010		
1	0	0	↑	×	×	1010		

4. 测试 74HC194 的置数功能

令$\overline{CR}=S_0=S_1=1$，用逻辑开关将 $D_3D_2D_1D_0$ 设置为 0101，则在脉冲 CP 作用后，输出 $Q_3Q_2Q_1Q_0$ 被置为 0101。

5. 测试 74HC194 的循环移位

接线参照图 9.5 进行。用并行送数法预置寄存器为某二进制数码（如 0101）。然后进行右移循环，观察寄存器输出端状态的变化，记入表 9.3 中。

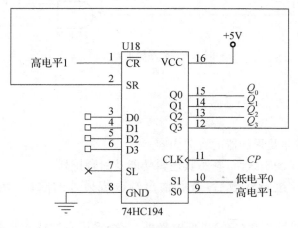

图 9.5 循环移位

表 9.3

CP	$Q_3 \, Q_2 \, Q_1 \, Q_0$
第 1 个脉冲	
第 2 个脉冲	
第 3 个脉冲	
第 4 个脉冲	
第 5 个脉冲	

6. 用 74HC194 设计时序脉冲产生器

如图 9.6 所示,74HC194 的输出端 $Q_3 Q_2 Q_1 Q_0$ 接 LED 指示灯,当启动信号为 0 时,$S_1 = 1$,$S_0 = 1$,同步置数 $Q_3 Q_2 Q_1 Q_0 = 1000$。当启动信号为 1 时,$S_1 = 0$,$S_0 = 1$,低位向高位移动,$Q_3 = S_R$,由于 Q_0 和 Q_3 中总有一个为 0,故 $S_1 = 0$ 且 $S_0 = 1$,此时 74HC194 始终保持低位向高位移动,构成循环移位的脉冲产生器。

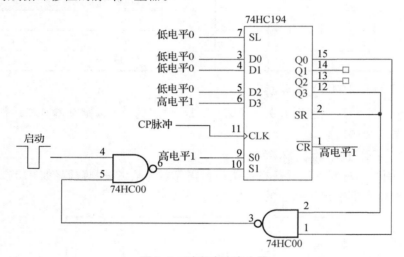

图 9.6　时序脉冲产生器

四、实验要求

1. 复习有关寄存器及累加器的有关内容。

2. 查阅 74HC194 逻辑线路,熟悉其逻辑功能及引脚排列。

3. 在对 74HC194 进行送数后,若要输出端改成另外的数码,是否一定要使寄存器清零?

4. 使寄存器清零,除采用 $\overline{CR}$ 输入低电平外,能否采用右移或左移的方法? 能否使用并行送数法? 若可行,该如何进行操作?

5. 若进行循环左移,图 9.5 接线应如何改接?

6. 用 Proteus 仿真相关电路。

五、实验报告

1. 分析表 9.2 的实验结果,总结移位寄存器 74HC194 的逻辑功能并写入表格功能总结一栏中。

2. 根据实验内容 2 的结果,画出 4 位环形计数器的状态转换图及波形图。

3. 分析累加运算所得结果的正确性。

实验十　D/A 和 A/D 转换器

一、实验目的

1. 了解 D/A、A/D 转换器的基本工作原理和基本结构;
2. 掌握大规模集成 D/A、A/D 转换器的功能及其典型应用。

二、实验设备及器材

1. 数字电路实验箱;
2. 数字电压表、双踪示波器、函数信号发生器;
3. DAC0832、ADC0809、μA741 以及电位器、电阻器、电容器若干。

三、实验内容及步骤

在数字电子技术的很多应用场合往往需要把模拟量转换为数字量,称为模/数转换(A/D 转换,简称 ADC);或把数字量转换成模拟量,称为数/模转换(D/A 转换,简称 DAC)。

1. D/A 转换器 DAC0832

DAC0832 是采用 CMOS 工艺制成的单片电流输出型 8 位数/模转换器。器件的核心部分采用倒 T 型电阻网络的 8 位 D/A 转换器,如图 10.1 所示。它是由倒 T 型 R-$2R$ 电阻网络、模拟开关、运算放大器和参考电压 U_{REF} 四部分组成。运算的输出电压为:

$$U_{\mathrm{O}} = U_{\mathrm{REF}}/2^n \cdot R_{\mathrm{f}}/R \cdot (D_{n-1} \cdot 2^{n-1} + D_{n-2} \cdot 2^{n-2} + \cdots + D_0 \cdot 2^0)$$

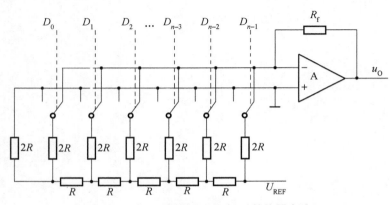

图 10.1　倒 T 型电阻网络 D/A 转换器电路

由上式可见,输出电压 u_{O} 与输入的数字量成正比,这就实现了从数字量到模拟量的转换。

一个 8 位的 D/A 转换器,它有 8 个输入端,每个输入端都是 8 位二进制数中的一位,有一个模拟输出端,输入可有 $2^8=256$ 个不同的二进制组态,输出为 256 个电压之一,即输出电压不是整个电压范围内的任意值,而只能是 256 个可能值。

DAC0832 的逻辑框图和引脚排列如图 10.2 所示。各管脚意义如下:

- $D_0 \sim D_7$:数字信号输入端;
- ILE:输入寄存器允许,高电平有效;
- $\overline{CS}$:片选信号,低电平有效;
- $\overline{WR}_1$:写信号 1,低电平有效;
- $\overline{XFER}$:传送控制信号,低电平有效;
- $\overline{WR}_2$:写信号 2,低电平有效;
- I_{out1},I_{out2}:DAC 电流输出端;
- R_{fb}:反馈电阻,集成在片内的外接运放的反馈电阻;
- U_{REF}:基准电压($-10 \sim +10$) V;
- V_{CC}:电源电压($+5 \sim +15$) V;
- AGND:模拟地;
- DGND:数字地(模拟地和数字地需保持一点连接)。

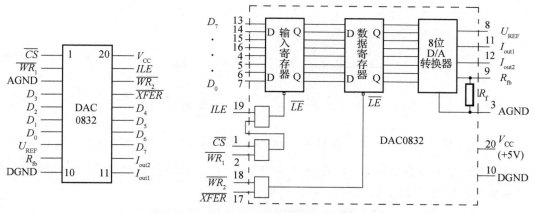

图 10.2 DAC0832 引脚排列和逻辑框图

DAC0832 输出的是电流,要转换为电压,还必须经过一个外接的运算放大器,实验线路如图 10.3 所示。

2. A/D 转换器 ADC0809

ADC0809 是采用 COMS 工艺制成的单片 8 位 8 通道逐次逼近型模/数转换器,其引脚排列如图 10.4 所示。

ADC0809 各管脚含义如下:

- $IN_0 \sim IN_7$:8 路模拟信号输入端;
- $D_0 \sim D_7$:数字信号输出端;
- A_2、A_1、A_0:地址输入端;

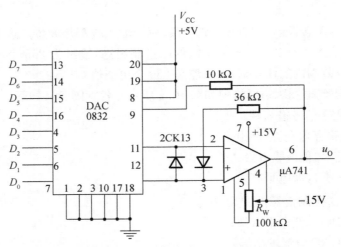

图 10.3　DAC0832 D/A 转换器典型接线电路图

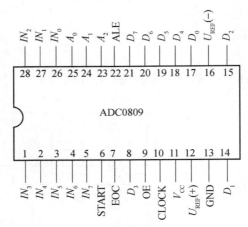

图 10.4　ADC0809 引脚排列

- ALE:地址锁存允许输入信号,在此脚加正脉冲,上升沿有效,此时锁存地址码,从而选通相应的模拟信号通道,以便进行 A/D 转换;

- START:启动信号输入端,应在此脚施加正脉冲,当上升沿到达时,内部逐次逼近寄存器复位,在下降沿到达后,开始 A/D 转换;

- EOC:转换结束信号输入端(转换结束标志),高电平有效;

- OE:输入允许信号,高电平有效;

- CLOCK:时钟信号输入端,外接时钟频率一般为几百 kHz;

- V_{CC}:+5 V 单电源供电;

- $U_{REF(+)}$、$U_{REF(-)}$:基准电压的正极、负极。一般 $U_{REF(+)}$ 接+5 伏电源,$U_{REF(-)}$ 接地。

8 路模拟开关由 A_2、A_1、A_0 三地址输入端选通 8 路模拟信号中的任何一路进行 A/D 转换,地址译码与模拟输入通道的选通关系如表 10.1 所示。

表 10.1

被选模拟通道		IN_0	IN_1	IN_2	IN_3	IN_4	IN_5	IN_6	IN_7
地址	A_2	0	0	0	0	1	1	1	1
	A_1	0	0	1	1	0	0	1	1
	A_0	0	1	0	1	0	1	0	1

3. 由 CC4024 与 R-$2R$ 组成的 D/A 转换电路

由 CC4024 与 R-$2R$ 倒 T 型网络实现 D/A 变换,线路如图 10.5 所示。CP 接单次脉冲源,u_O 接直流数字电压表。

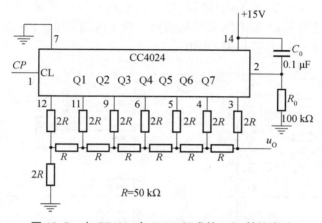

图 10.5　由 CC4024 与 R-$2R$ 组成的 D/A 转换电路

接通电源,利用 R_0、C_0 的清零,使 CC4024 清零。每送一个单次脉冲,测量一次 u_O 并记录。

4. DAC0832 D/A 转换器

按图 10.3 接线,$D_0 \sim D_7$ 接至逻辑开关的输出插口,输出端 u_O 接直流数字电压表。

1) 将 $D_0 \sim D_7$ 全置零,调节运放的电位器使 μA741 输出为零。

2) 按表 10.2 所列的输入数字信号,用数字电压表测量运放的输出电压 u_O,并将测量结果填入表 10.2 中。

表 10.2

输入数字量								输出模拟量 u_O/V	
D_7	D_6	D_5	D_4	D_3	D_2	D_1	D_0	$V_{CC}=5$ V	$V_{CC}=9$ V
0	0	0	0	0	0	0	0		
0	0	0	0	0	0	0	1		
0	0	0	0	0	0	1	0		
0	0	0	0	0	1	0	0		
0	0	0	0	1	0	0	0		
0	0	0	1	0	0	0	0		
0	0	1	0	0	0	0	0		

续表

输入数字量								输出模拟量 u_O/V	
D_7	D_6	D_5	D_4	D_3	D_2	D_1	D_0	$V_{CC}=5$ V	$V_{CC}=9$ V
0	1	0	0	0	0	0	0		
1	0	0	0	0	0	0	0		
1	1	1	1	1	1	1	1		

5. ADC0809 转换器

按图 10.6 接线,交换结果 $D_0 \sim D_7$ 接 LED 指示器输入插口,CP 时钟脉冲由信号发生器提供,$f=1$ kHz。$A_0 \sim A_2$ 地址端接实验箱上的逻辑开关。按表 10.3 的要求观察,记录 $IN_0 \sim IN_7$8 路模拟信号的转换结果,并将结果换算成十进制的电压值,并与数字电压表实测的各路输入电压值进行比较,分析误差原因。

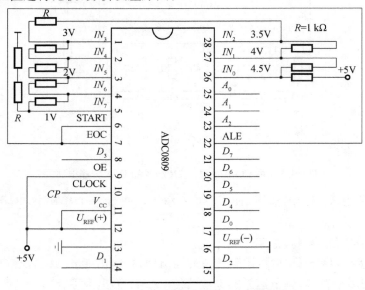

图 10.6 ADC0809 转换器典型实验电路图

表 10.3

通道	模拟量	地址	输出数字量								
IN_x	U_i/V	$A_2A_1A_0$	D_7	D_6	D_5	D_4	D_3	D_2	D_1	D_0	十进制
IN_0	4.5	000									
IN_1	4.0	001									
IN_2	3.5	010									
IN_3	3.0	011									
IN_4	2.5	100									
IN_5	2.0	101									
IN_6	1.5	110									
IN_7	1.0	111									

四、实验要求

1. 复习 A/D、D/A 转换的工作原理；
2. 熟悉 ADC0809、DAC0832 各引脚功能，使用方法；
3. 绘好完整的实验线路和所需的实验记录表格；
4. 拟订各个实验内容的具体实验方案；
5. 用 Proteus 仿真相关电路。

五、实验报告

1. 整理实验数据，分析实验结果；
2. 查找相关 A/D 转换器和 D/A 转换器的相关参数，并对比。

实验十一　综合实验:电子秒表设计

一、实验目的

1. 学习数字电路中基本 RS 触发器、单稳态触发器、时钟发生器及计数、译码显示等单元电路的综合应用;

2. 学习电子秒表的调试方法。

二、实验设备及器件

1. 双踪示波器、数字万用表等;

2. 数字电路实验箱;

3. 74HC00 与非门、NE555 定时器、74HC161 计数器。

三、实验内容及步骤

图 11.1 为电子秒表的原理图,按其功能分成四个单元电路进行分析。

1. 基本 RS 触发器

图 11.1 中单元 I 为用集成与非门构成的基本 RS 触发器,属于低电平直接触发的触发器,有直接置位、复位的功能。

它的一路输出 $\bar{Q}$ 作为单稳态触发器的输入,另一路输出 Q 作为与非门 5 的输入控制信号。

按动按钮开关 K_2(接地),则门 1 输出 $\bar{Q}=1$,门 2 输出 $Q=0$。K_2 复位后 Q、$\bar{Q}$ 状态保持不变。再按动按钮开关 K_1,则 Q 由 0 变 1,门 5 开启,为计数器启动做好准备;$\bar{Q}$ 由 1 变 0,送出负脉冲,启动单稳态触发器工作。

基本 RS 触发器在电子秒表中的作用是启动和停止秒表。

2. 单稳态触发器

图 11.1 中单元 II 为用集成与非门构成的微分型单稳态触发器。

单稳态触发器的输入触发负脉冲信号 u_1 由基本 RS 触发器 $\bar{Q}$ 端提供,输出负脉冲 u_O 则加到计数器的清除端 $\overline{CR}$。

静态时,门 4 应处于截止状态,故电阻 R 必须小于门的关门电阻 R_{off}。定时元件 R、C 取值不同,输出脉冲宽度也不同。当触发脉冲宽度小于输出脉冲宽度时,可以省去输入微分电路的 R_P 和 C_P。

单稳态触发器在电子秒表中的职能是为计数器提供清零信号。

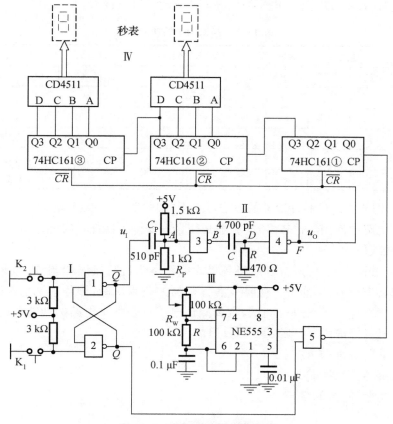

图 11.1　电子秒表原理示意图

3. 时钟发生器

图 11.1 中单元 Ⅲ 为用 555 定时器构成的多谐振荡器,是一种性能较好的时钟源。

调节电位器 R_w,使在输出端 3 获得频率为 50 Hz 的矩形波信号,当基本 RS 触发器 $Q=$ 1 时,门 5 开启,此时 50 Hz 脉冲信号通过门 5 作为计数脉冲加于计数器①的计数输入端 CP。

4. 计数及译码显示

二进制加计数器 74HC161 构成电子秒表的计数单元,如图 11.1 中单元 Ⅳ 所示。

其中计数器①接成五进制形式,对频率为 50 Hz 的时钟脉冲进行五分频,在输出端 Q_3 取得周期为 0.1 s 的方波,作为计数器②的时钟输入。计数器②及计数器③接成 8421 码十进制形式,其输出端与实验箱上译码显示单元的相应输入端连接,可显示 0.1~0.9 s,1~ 9.9 s 计时。

表 11.1 为计数器 74HC161 的功能表。

异步清除 $\overline{CR}$ 为低电平"0"时,可完成清除功能,与时钟脉冲 CP 状态无关,称之为"异步清零"。清除功能完成后,应置高电平"1"。

置数控制端 $\overline{PE}$ 为低电平"0"时,输出端 $Q_3Q_2Q_1Q_0$ 在 CP 脉冲有效时,可预置成与数据输入端 $D_3D_2D_1D_0$ 相一致状态,因此称为"同步置数"。

正常计数时 $\overline{CR}$ 和 $\overline{PE}$ 置于高电平"1",在 CP 驱动下进行计数。

表 11.1　74HC161 的功能表

清零	预置	使能		时钟	预置数据				输出			
$\overline{CR}$	$\overline{PE}$	CEP	CET	CP	D_3	D_2	D_1	D_0	Q_3	Q_2	Q_1	Q_0
0	×	×	×	×	×	×	×	×	0	0	0	0
1	0	×	×	↑	D	C	B	A	D	C	B	A
1	1	0	×	×	×	×	×	×	保持			
1	×	×	0	×	×	×	×	×	保持			
1	1	1	1	↑	×	×	×	×	计数			

74HC161 构成任意进制计数器的方法可参考"实验四　计数器"的内容。

由于实验电路中使用器件较多,实验前必须合理安排各器件在实验设备上的位置,使电路逻辑清楚,接线较短。

实验时,应按照实验任务的次序,将各单元电路逐个进行接线和调试,即充分测试基本 RS 触发器、单稳态触发器、时钟发生器及各计数器的逻辑功能,待各单元电路工作正常后,再将有关电路逐级连接起来进行测试,直到测试电子秒表整个电路的功能。这样的测试方法有利于检查和排除故障,保证实验顺利进行。

5. 基本 RS 触发器的测试

测试方法参考前述实验。

6. 单稳态触发器的测试

1) 静态测试

用直流数字电压表测量图 11.1 中 A、B、D、F 各点电位值。记录之。

2) 动态测试

输入端接 1 kHz 连续脉冲源,用示波器观察并描绘图 11.1 中 D 点(u_D)、F 点(u_O)波形,若单稳输出脉冲持续时间太短,难以观察,可适当加大微分电容 C(如改为 0.1 μF),待测试完毕后,再恢复 4 700 pF。

7. 时钟发生器的测试

用示波器观察输出电压波形并测量其频率,调节 R_W,使输出矩形波频率为 50 Hz。

8. 计数器的测试

1) 计数器①接成五进制形式,$\overline{CR}$ 和 $\overline{PE}$、$D_3D_2D_1D_0$ 接逻辑开关相应电平,CP 接单脉冲源,$Q_3Q_2Q_1Q_0$ 接实验设备上译码显示输入端 D、C、B、A,按表 11.1 逐项测试其逻辑功能,记录之。

2) 计数器②及计数器③接成十进制计数形式,同步骤 1)进行逻辑功能测试,记录之。

3) 将计数器①、②、③级联,进行逻辑功能测试,记录之。

9. 电子秒表的整体测试

各单元电路测试正常后,按图 11.1 把几个单元电路连接起来,进行电子秒表的总体测试。

先按一下按钮开关 K₂,此时电子秒表不工作,再按下按钮开关 K₁,则计数器清零后便开始计时，观察数码管显示计数情况是否正常。如不需要计时或暂停计时，按一下开关 K_2，计时立即停止，但数码管保留所计时的值。

10. 电子秒表准确度的测试

利用电子钟或手表的秒计时对电子秒表进行校准。

四、实验要求

1. 复习数字电路中基本 RS 触发器、单稳态触发器、时钟发生器及计数器等部分内容。

2. 除了本设计中所采用的时钟源外，选用另外两种不同类型的时钟源，选取元器件，画出电路图。

3. 列出电子秒表各单元电路的测试表格和步骤。

4. 用 Proteus 仿真各功能模块电路。

五、实验报告

1. 总结电子秒表的设计、调试过程。

2. 分析调试中发现的问题及故障排除方法。

实验十二　综合实验:数字频率计设计

一、设计任务

1. 设计一个能测量方波、正弦波或其他脉冲信号的频率计;
2. 测量的频率范围是 0~9 999 kHz;
3. 显示结果用十进制数表示以方便观测。

二、设计提示

1. 脉冲信号的频率就是在单位时间内所产生的脉冲的个数,其表达式为 $f=N/T$,f 为被测信号的频率,N 为计数器所累计的脉冲个数,T 为产生 N 个脉冲所需要的时间。所以,在 1 s 时间内计数器所记录的结果,就是被测信号的频率。

2. 将被测频率的信号经放大整形后变成巨型脉冲,加到主控门的输入端。若被测信号为方波,可不要"放大整形"部分,将被测信号直接加到主控门的输入即可。

3. 由晶体振荡器产生较高的标准频率,经分频后产生各种时基脉冲:1 ms,10 ms,0.1 s,1 s 等,时基信号的选择由开关 K 控制。

4. 时基信号经控制电路产生闸门信号至主控门,只有在闸门信号采样周期内(时基信号的一个周期),输入信号才能通过主控门。

5. $f=N/T$,改变时基信号的周期 T,即可得到不同的测频范围。

6. 当主控门关闭时,计数器停止计数,显示器显示记录结果,此时控制电路输出一个置零信号,经微分整形、延时电路,将计数器和所有触发器复位,为新的一次采样做好准备。

7. 使用开关 K 改变量程时,小数点能自动移位。

8. 开关 K_1 和 K_2 配合,电路可进行"自查",即用时基信号本身作为被测信号输入。

三、设计框图

设计框图如图 12.1 所示。

四、设计目标

1. 位数

本实验使用 4 位十进制数,计数位数主要取决于被测信号频率的高低,如果被测信号频率较高,精度又较高,可相应增加显示位数。

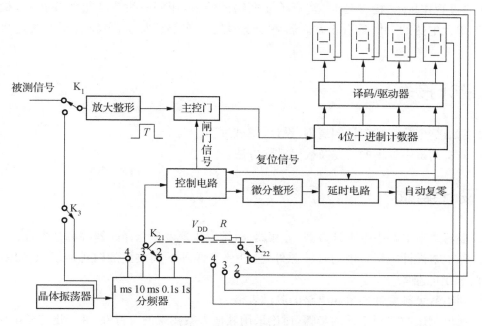

图 12.1　数字频率计原理图

2. 量程

第一挡：最小量程挡，最大读数是 9.999 kHz，闸门信号的采样时间为 1 s。

第二挡：最大读数是 99.99 kHz，闸门信号的采样时间为 0.1 s。

第三挡：最大读数是 999.9 kHz，闸门信号的采样时间为 10 ms。

第四挡：最大读数是 9 999 kHz，闸门信号的采样时间为 1 ms。

3. 显示方式

1) 用七段 LED 数码管显示读数，要求显示稳定，无明显闪烁。

2) 小数点的位置跟随量程的变更而自动移位。

3) 为了便于读数，要求数据显示的时间在一定范围内连续可调。

4. 具有"自检"功能。

5. 被测信号为方波信号。

6. 画出设计的数字频率计的电路总图。

7. 组装与调试

1) 时基信号通常使用石英晶体振荡器输出的标准频率信号经分频器获得。为了实验调试方便，可用实验设备上脉冲信号源输出的 1 kHz 方波信号经 3 次十分频获得。

2) 按设计的数字频率计逻辑图在实验设备上布线。

3) 用 1 kHz 方波信号送入分频器的 CP 端，用数字频率计检查各分频级的工作是否正常。用周期为 1 s 的信号作为控制电路的时基输入，用周期为 1 ms 信号作为被测信号，用示波器观察和记录控制电路输入、输出的波形，检查控制电路所产生的各控制信号能否按正确的时序要求控制各个子系统。用周期为 1 s 的信号送入各计数器的 CP 端，用发光二极管指示检查各计数器的工作是否正常。用周期为 1 s 的信号作延时、整形单元电路的输入，用两只发光二极管作指示,检查延时、整形单元电路的输入,用两只发光二极管作指示,检查延时、整形单元电路的工作是否正常。若各个子系统工作都正常了,再将各子系统连接起来统调。

五、设计报告

1. 总结整个数字频率计的规划、设计、调试过程。
2. 分析调试中发现的问题及故障排除方法。

六、设计要求

1. 复习数字电路中基本计数器、分频器、时钟发生器及显示译码器等部分内容。
2. 除了本设计中所采用的时钟源外,另外还有两种不同类型的时钟源可供使用,选取元器件,画出电路图。
3. 列出数字频率计各单元电路的测试表格。
4. 列出调试数字频率计的步骤,讨论采用其他方案实现的可行性,并绘出完整电路。
5. 用 Proteus 仿真部分功能模块电路。

实验十三　综合实验:数字钟设计

一、设计任务

1. 设计一个带校时功能的数字钟,具有时、分、秒显示功能;
2. 掌握数字钟的设计、组装与调试;
3. 熟悉计数器集成电路、数据选择器、显示译码器的使用方法;
4. 了解动态显示的原理与实现。

二、设计提示

钟表的数字化给人们的生产生活带来了极大的方便,而且大大地扩展了钟表原先的报时功能。诸如定时自动报警、按时自动打铃、时间程序自动控制、定时广播、定时启闭路灯、定时开关烘箱、通断动力设备,甚至各种定时电气的自动启用等,所有这些,都是以数字化为基础的。因此,研究数字钟及扩展其应用,有着非常现实的意义。

首先,数字钟需要 LED 显示和显示驱动器,然后,显示驱动器的数据是从时计数器(24进制)、分计数器(60 进制)和秒计数器取得,因此,构建 60 进制计数器和 24 进制计数器是必须的。再次,由于 LED 数显模块是连体结构,故显示驱动器只需要一片,这意味着七段数码的 $abcdefg$ 数据段是公用的,需要采用动态显示法。这样,时、分、秒的三组六位计数结果无法直接连接到显示驱动器的数据端,只能采用数据选择器来分时选通时、分、秒的不同位的数据,以动态显示的方式,利用人眼的视觉暂留效应实现数字钟的完整显示。

动态显示的原理可采用图 13.1 解释。位选择信号 A_1、A_0 控制 $\overline{Y_0} \sim \overline{Y_3}$ 依次产生低电平,使 4 个 LED 数码显示器轮流显示(即每个时刻只有一个七段 LED 数码管被点亮显示)。要显示的数据组依次送到 $D_3 D_2 D_1 D_0$ 分别在 4 个显示器上显示。利用人的视觉暂留时间,可以看到稳定的所有数字。为保证人眼无明显闪烁感觉,显示器的刷新频率范围为:25 Hz≤ f_C≤100 Hz。

最后需要提醒的是,选通数据选择器的信号需要与选择七段数码管的位选信号保持同步,否则将显示不出正确的计时结果。

供参考选择的元器件有:共阴极七段 LED 四连体数码显示器、74HC00 与非门、CD4511(或 74HC4511)显示译码器、74HC161 计数器、74HC151 数据选择器、74HC138 译码器、32 768 Hz 石英晶体振荡器、NE555 定时器、CD4060 分频器、电阻、电容若干。

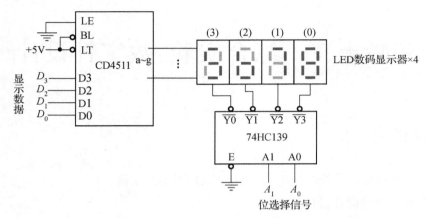

图 13.1　动态显示原理图

三、设计框图

数字钟的逻辑框图如图 13.2 所示。它由脉冲发生器、分频器、不同进制(60 进制和 24 进制)的计数器、数据选择器、显示译码器、七段 LED 四连体数码显示器和产生位选信号的选通电路与校时电路等组成,脉冲发生器可以是晶体振荡器,也可以是集成电路,比如 NE555 构成的多谐振荡器,它产生的脉冲信号经过分频器作为秒脉冲,秒脉冲送入计数器计数,计数结果通过"时""分""秒"译码器显示时间。

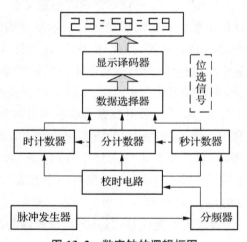

图 13.2　数字钟的逻辑框图

在面包板或实验箱上组装数字钟,注意,器件管脚的连接一定要准确,"悬空端""清 0 端""置 1 端"要正确处理,调试步骤和方法如下:

1)用示波器检测石英晶体振荡器的输出信号波形和频率,晶体振荡器的输出频率应为 32 768 Hz,如果是多谐振荡,则需要计算其频率。

2)将频率为 32 768 Hz 的信号送入分频器,并且用示波器检查各级分频器的输出频率是否符合设计要求。

3)将 1 s 信号分别送入"时""分""秒"计数器,检查各级计数器的工作情况。

4）观察校时电路的功能是否满足校时要求。

5）当分频器和计数器调试正常后,观察数字钟是否准确正常地工作。

四、设计目标

（1）设计一个具有"时""分""秒"（23:59:59）显示且有校时功能的数字钟。

（2）用74HC161计数器、74HC151数据选择器、74HC138译码器、CD4511显示译码器以及CD4060分频器等集成电路构建数字钟,并在实验箱或面包板上进行组装、调试。

（3）画出框图和逻辑电路图,写出设计、实验总结报告。

（4）选做:

① 闹钟系统:设计数值比较电路,根据设置时间,在任意时刻均能够输出音频信号作为闹铃;

② 整点报时:在29 min 51 s、53 s、55 s、57 s输出750 Hz音频信号,在59 min 59 s时输出1 000 Hz信号,音响持续1 s,在1 000 Hz音响结束时刻为整点;

③ 日历系统:首先能够简单地对星期进行计数,在此基础上,可设置月份、日期显示电路,由于闰年的计算比较复杂,在此不要求对闰月、闰年等进行计算和判断,另外,每月的天数有30天和31天之别,在此也可不做区分,设置者自行设置每月的天数。

1. 脉冲发生器

脉冲发生器可以是晶体振荡器,也可以是集成电路（如NE555定时器）构成的多谐振荡器。石英晶体振荡器的特点是振荡频率准确、电路结构简单、频率易调整。它还具有压电效应,在晶体某一方向加一电场,则与此垂直的方向产生机械振动,有了机械振动,就会在相应的垂直面上产生电场,从而使机械振动和电场互为因果,这种压电谐振的频率即为晶体振荡器的固有频率。

NE555定时器实现更为方便,可采用施密特触发器构成多谐振荡的方式,即将NE555的两个电压比较端短接,构成施密特触发器,然后在输出和电压比较端跨接一个电阻,最后在电压比较端接一个电容到"地"完成设计。也可以采用充放电不对称的多谐振荡方式,如图13.3所示。

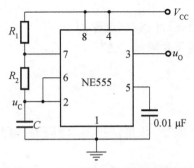

图13.3　NE555构成的多谐振荡器

2. 分频器

由于石英晶体振荡器或多谐振荡产生的频率较高,要得到秒脉冲,需要用分频电路（CD4060）获得1 Hz的方波。

3．计数器

秒脉冲信号经过 6 级计数器,分别得到"秒"计时的个位、十位,"分"计时的个位、十位以及"时"计时的个位、十位。"秒"和"分"计数器为 60 进制,"时"计数器为 24 进制。

1) 60 进制计数:"秒"计数器电路与"分"计数器电路都是 60 进制,它由一级十进制计数器和一级六进制计数器连接构成。

2) 24 进制计数:"时"计数电路是由 24 进制计数电路,需在计数为 24 时清零,可采用 74HC161 的异步清零功能。

4．显示译码器

显示译码是将给定的二进制代码进行翻译,用于驱动七段 LED 数码显示器。计数器采用的码制不同,译码电路也不同。一般来说,计数结果为 8421 码,或自然二进制码,典型的显示译码器为 CD4511 或 74HC4511。

CD4511 驱动器是与 8421BCD 编码计数器配合用的七段译码驱动器。CD4511 配有灯测试 LT、动态灭灯输入 BI、灭灯输入/动态灭灯输出 BL,当 $LT=0$ 时,CD4511 输出全为"1"。CD4511 的使用方法参照该器件功能的介绍。

CD4511 的输入端和计数器对应的输出端对应相连,CD4511 的输出端和七段 LED 数码显示器的 $abcdefg$ 对应段相连。

5．七段 LED 数码显示器

采用七段发光二极管来显示译码器输出的数字,显示器有两种:共阳极或共阴极显示器。CD4511 译码器对应的是共阴(接地)LED 显示器,需要说明的是,CD4511 与七段 LED 数码显示器相连时,须有 200 Ω～1 kΩ 的限流电阻。

6．校时电路

校时电路实现对"时""分""秒"的校准。在电路中设有正常计时和校时位置。"时""分""秒"的校准开关分别通过 RS 触发器控制。

五、设计报告

1. 总结整个数字钟的规划、设计、调试过程。
2. 分析调试中发现的问题及故障排除方法。

六、设计要求

1. 复习数字电路中基本计数器、数据选择器、译码器、分频器、时钟发生器及显示译码器等部分内容。

2. 除了本设计中所采用的时钟源外,另选两种不同类型的时钟源,并选取合适的元器件,画出电路图。

3. 列出数字钟各单元电路的测试表格。

4. 列出调试数字钟的步骤,讨论采用其他方案实现的可行性,并绘出完整电路。

5. 用 Proteus 仿真相关电路。

附　录

附录1 万用电表的使用

万用电表(也称"万用表")是电类相关专业学生、工程师常用的工具之一,它与示波器、信号发生器并称为电子工程师的"老三件"。万用电表有指针式和数字式,两者作用类似。用万用电表不仅可以对晶体二极管、三极管、电阻、电容等进行粗测,还可以测量一定范围内的直流电压、交流电压、直流电流、交流电流等。

附图1.1是电子学实验室常配的两种型号数字式万用电表,它们的品牌、型号虽然不同,但功能大致相同。

现在市面上的数字式万用电表大同小异,因此,我们以附图1.2中的电表表盘来介绍数字式万用电表的功能和操作。

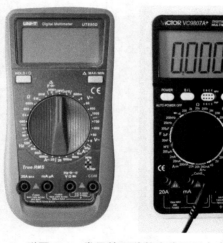

附图1.1 常用的两种数字式万用电表

附图1.2 典型数字式万用电表表盘

附表1.1 万用电表功能说明

表盘符号	功能描述
▸⊢•)))	二极管/蜂鸣挡。该挡位有两个主要功能:其一是二极管PN结压降的检测,将万用表的红表笔接二极管的正极,黑表笔接二极管的负极,则能够测出该二极管的PN结压降,典型的硅二极管PN结压降在0.5~0.7 V,锗二极管PN结压降在0.2~0.4 V,若表笔反接,则无示数。该挡位的第二个功能是短路蜂鸣检测,将红黑表笔短接,则万用表发出蜂鸣声,利用这个特点,可以用来检测电路是否有短路,或者导线是否有断线(这个功能很常用)
Ω	电阻挡。该挡位用于测量电阻阻值,表盘上的数字为量程,而不是倍率。测量时,若电阻阻值超出量程,则万用表无显示,此时需更换大量程
V⸗	直流电压挡。该挡位用于测量直流电压值,表盘上数字也是量程。测量时,若电压超出量程,则万用表无显示,此时需更换大量程
V~	交流电压挡。该挡位用于测量交流电压值,表盘上数字也是量程。测量时,若电压超出量程,则万用表无显示,此时需更换大量程。需要注意的是,交流电压高于36 V时有危险性,特别是市电220 V,测量时需要特别小心

续表

表盘符号	功能描述
A⎓	直流电流挡。表盘上的数字为量程,而不是倍率。使用该挡测量直流电流量时,需要将万用表的红表笔插在万用表下方的电流测量孔中,并保证测量时万用表串联接入被测电路
A~	交流电流挡。表盘上的数字同样为量程,而不是倍率。使用该挡测量交流电流量时,需要将万用表的红表笔插在万用表下方的电流测量孔中,并保证测量时万用表串联接入被测电路
F	电容粗测挡。使用该挡测量电容时,也需要将万用表的红表笔插入电容测量孔。需要说明的是,由于表笔的电容分散性,采用万用电表测量电容一般不准确
HFE	测量 BJT 三极管的共射极电流放大倍数,该参数也称为 β。将 BJT 三极管插入面板对应的 EBC 孔座中即可测得该值

采用万用表不仅可以测量电阻、直流电压/电流、交流电压/电流,还可以检测二极管和三极管是否损坏。检测三极管方法如下:

将万用表的功能表盘拨到二极管/蜂鸣挡,对 PNP 型三极管,将黑表笔接基极 B,红表笔分别接集电极 C 和发射极 E,可分别测出集电结的压降和发射结的压降,应该为 0.5～0.7 V(硅管),或 0.1～0.3 V(锗管)。对 NPN 型三极管,将红表笔接基极 B,黑表笔分别接集电极 C 和发射极 E,可分别测出集电结的压降和发射结的压降,也应该为 0.5～0.7 V(硅管),或 0.1～0.3 V(锗管)。如附图 1.3 所示。若检测过程中,有任意一个电压无法测量出,则说明该三极管已经损坏。

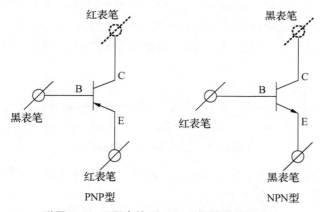

附图 1.3　万用表检测 BJT 三极管的接线方法

同样的道理,用万用表也可以检测二极管是否损坏。方法是将万用表的表盘拨到二极管/蜂鸣挡,然后将红表笔接二极管的正极(阳极),黑表笔接二极管的负极(阴极),对一般硅材料二极管而言,可测出压降为 0.5～0.7 V。对锗材料二极管而言,可测出压降为 0.1～0.3 V。若未知二极管的正负极,则可以分别调换红、黑表笔的位置再进行测量,只要二极管未损坏,总有一种情况能测出压降,则此时红表笔对应的为二极管正极,黑表笔对应的为负极。

附录 2　示波器的结构及使用

示波器是一种用途十分广泛的电子测量仪器,其主要用途是将肉眼观察不到的电信号呈现在屏幕上,便于人们研究电信号的变化规律和过程。示波器的种类很多,从处理的信号类型角度可分为模拟示波器和数字示波器。

模拟示波器的工作方式是直接测量信号电压,并通过从左到右穿过示波器屏幕的电子束在垂直方向描绘电压。示波器屏幕通常是阴极射线管(CRT)。电子束投到荧幕的某处,屏幕后面就会有明亮的荧光物质。当电子束水平扫过显示器时,信号的电压使电子束发生上下偏转,跟踪波形直接反映到屏幕上。在屏幕同一位置电子束投射的频度越大,其显示也越亮。

数字示波器与模拟示波器不同,它通过模数转换器(ADC)把被测电压转换为数字量。因此,数字示波器输入端捕获的是信号波形的一系列采样值,并对采样值进行存储,存储限度是判断累积的采样值是否能描绘出波形。随后,数字示波器重构波形,并在显示屏(一般为 LCD 屏)上显示出来。其结构框图如附图 2.1 所示。数字示波器又分为数字存储示波器(DSO)、数字荧光示波器(DPO)和采样示波器。数字示波器所采取的 A/D 转换方式意味着,在示波器允许的频率范围内,可以稳定、明亮和清晰地显示任意波形,但由于受到奈奎斯特采样定律的限制,数字示波器的 A/D 转换速率和采样速率一般都要求比较高,否则将限制示波器的带宽。

附图 2.1　数字示波器的结构框图

在模拟电子技术和数字电子技术基础实验环节,传统的模拟示波器应用较多,故接下来重点介绍模拟示波器的结构和使用方法。

一、模拟示波器的基本结构

模拟示波器的基本原理和结构如附图 2.2 所示。从功能模块上划分,模拟示波器主要由主机、垂直通道和水平通道组成。

1. 主机

主机包括示波管及所需的各种直流供电电路,在控制面板上的旋钮包括辉度(亮度)旋钮、聚焦旋钮、水平位移旋钮和垂直位移旋钮等。

2. 垂直通道

垂直通道主要用来控制电子束按被测信号的幅值大小在垂直方向上的偏移。它包括 Y 轴衰减器、Y 轴放大器和配用的高频探头。通常示波管的偏转灵敏度比较低,因此在一般情

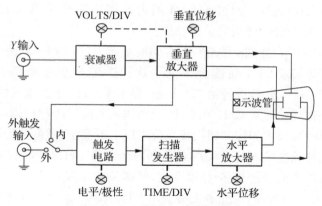

附图 2.2 模拟示波器基本结构图

况下,被测信号往往需要通过 Y 轴放大器放大后加载到垂直偏转板上,才能在屏幕上显示出一定幅值的波形。Y 轴放大器的作用是提高示波器 Y 轴灵敏度。为保证 Y 轴放大器不失真,加到 Y 轴放大器的信号不宜太大,但是实际的被测信号幅度往往在很大范围内变化,因此 Y 轴放大器前还需要加一个 Y 轴衰减器,以适应观察不同幅度的被测信号。示波器控制面板上设有"Y 轴衰减器"(也称"Y 轴灵敏度选择开关")和"Y 轴增益微调"旋钮,分别调节 Y 轴衰减器的衰减程度和 Y 轴放大器的增益。

对 Y 轴放大器的一般要求是:输入阻抗高、增益大、频响好。

为提高抗干扰能力,被测信号一般都通过同轴电缆或带有探头的同轴电缆加到示波器的 Y 轴输入端。但需要注意的是,被测信号通过探头进行幅度衰减时,一般衰减比例为 10∶1,若未衰减,则为 1∶1。

3. 水平通道

水平通道主要是控制电子束按时间值在水平方向(即 X 轴)偏移。它主要由扫描发生器、水平放大器和触发电路构成。

1) 扫描发生器:又称锯齿波发生器,用来产生频率调节范围宽的锯齿波,作为 X 轴偏转板的扫描电压。锯齿波的频率(或周期)调节是通过"扫描速率选择"开关和"扫描微调"旋钮控制的。使用时,调节"扫描速率选择"开关和"扫描微调"旋钮,使其扫描周期为被测信号周期的整数倍,保证 CRT 屏幕上显示稳定的波形。

2) 水平放大器:其作用与垂直放大器类似,将扫描发生器产生的锯齿波放大到 X 轴偏转板所需的数值。

3) 触发电路:用于产生触发信号以实现触发扫描的电路。为扩展示波器的应用范围,一般示波器上都设有触发源控制开关、触发电平与极性控制旋钮和触发方式选择开关等。

二、示波器的双踪显示

1. 双踪显示原理

双踪显示是通过电子开关的控制作用来实现的。电子开关由面板上的"垂直显示方式 VERTICAL"开关控制,一般有 4 种工作状态,即 CH1、CH2、DUAL 和 ADD。当开关置于

"CH1"模式时,CRT 的荧光屏上只显示 CH1 通道的信号波形;当开关置于"CH2"模式时,CRT 的荧光屏上只显示 CH2 通道的信号波形。

当开关置于"DUAL"位置时,荧光屏上可同时显示 CH1 和 CH2 两个通道的波形。此时,内部切换开关首先接通 CH1 通道,进行第一次扫描,荧光屏显示 CH1 通道送入的被测信号波形;然后接通 CH2 通道,进行第二次扫描,显示由 CH2 通道送入的被测波形;接着再接通 CH1 通道……这样轮流对 CH1 和 CH2 通道送入的信号进行扫描、显示。由于内部切换开关的切换速度较快,每次扫描的回扫线在荧光屏上不显示,借助荧光屏的余辉和人眼的视觉暂留效应,我们便能在荧光屏上同时观察到两个通道 CH1 和 CH2 的波形。这种方式可以用于观察、比较两个信号的相移、幅度变化、频率关系等。

当开关置于"ADD"位置时,荧光屏上将显示 CH1 和 CH2 两个通道信号的代数和或代数差形式。

2. 触发扫描

在普通示波器中,X 轴的扫描总是连续不断的,称为"连续扫描"。为了能更好地观测各种脉冲波形,在脉冲示波器中,通常采用"触发扫描"。采用这种扫描方式时,扫描发生器将工作在触发状态。它仅仅在外加触发信号作用下,时基信号才开始扫描,否则不扫描。这个外加触发信号通过可触发选择开关取自"内触发"(即 Y 轴的输入信号经由内部触发放大器输出触发信号),也可取自"外触发"输入端的外接同步信号。其基本原理是利用这些触发脉冲信号的上升沿或下降沿来触发扫描发生器,产生锯齿波扫描电压信号,然后经 X 轴放大后送至 X 轴偏转板进行光标扫描。适当地调节"扫描速率选择"开关和"电平"调节旋钮,能方便地在荧光屏上显示出具有合适宽度的被测信号波形。

三、GOS - 652G 型双踪示波器

1. 概述

GOS - 652G 型双踪示波器为便携式双踪示波器,两个输入通道分别为 CH1 和 CH2,其带宽为 50 MHz,Y 轴灵敏度为 5 mV/div~5 V/div,探头衰减比为 10∶1(如附图 2.3)。机器在全频段范围内可获得稳定触发方式,主要包括常态、自动和 TV。X 轴扫描速率为 0.2 μs/div~0.5 s/div,并设有扩展×10 挡,可将扫描速度提高到 20 ns/div。

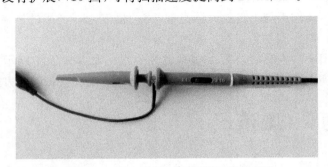

附图 2.3　带×10 衰减开关的示波器探头

2. 控制面板介绍

GOS-652G 型双踪示波器的控制面板如附图 2.4 所示,各控制件功能见附表 2.1。

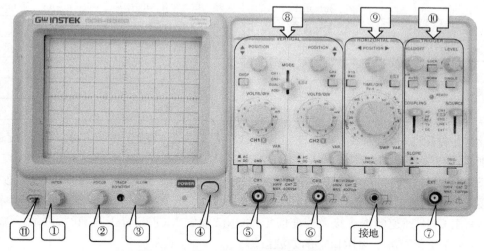

附图 2.4   GOS-652G 型双踪示波器面板

附表 2.1   各控制件功能描述

序号	控制件名称	功能描述
①	亮度 INTEN	光迹亮度调节,不可太亮,否则会损伤荧光屏
②	聚焦 FOCUS	调节光迹的聚焦程度,使其清晰
③	坐标刻度照明 ILLUM	用于照亮内刻度坐标
④	电源开关 POWER	仪器的电源开关
⑤	输入通道 CH1（X）	常规工作时,该端口为通道 CH1 的信号输入口;当仪器工作在 X-Y 方式时,该端口作为 X 轴信号输入端
⑥	输入通道 CH2（Y）	通道 CH2 的信号输入端口;用作 X-Y 方式时,作为 Y 轴信号输入端
⑦	外触发 EXT	选择外部触发方式时,触发信号由此端口输入
⑧	垂直系统的操作面板 VERTICAL	该面板主要功能包括信号显示模式、垂直显示位置调制、Y 轴方向分辨率、耦合方式、微调/校正等。具体按钮/旋钮功能下文详述
⑨	水平系统的操作面板 HORIZONTAL	该面板主要功能包括水平显示位置调制、X 轴方向分辨率、显示方式、微调/校正等。具体按钮/旋钮功能下文详述
⑩	触发操作面板	该面板主要功能包括触发电平调节、触发源选择、耦合方式等。具体按钮/旋钮功能下文详述
⑪	校准信号	示波器的校准信号输出,此处为频率 1 kHz、峰-峰值 2 V 的方波。在用示波器的通道 CH1 和 CH2 观测信号前,一般需要接该校准信号进行通道校准。

3. 操作方法

1)电源检查:示波器的电源为 220 V 市电。

2)控制面板的功能设置

(1)一般情况下,需要将控制面板的旋钮/按钮如附表 2.2 所列设置。

附表 2.2　常用面板功能设置

旋钮/按钮名称	设置说明	旋钮/按钮名称	设置说明
亮度 INTEN	亮度适中	X 轴扫描速率 TIME/DIV	0.5 ms/div～50 ms/div
聚焦 FOCUS	聚焦清晰	触发方式	自动 AUTO
位移 POSITION	居中	触发极性 SLOPE	正 ＋
模式 MODE	CH1	触发耦合	AC
Y 轴灵敏度 VOLTS/DIV	50 mV/div～500 mV/div	触发源 SOURCE	CH1
微调 VAR	校正,旋到底	输入耦合	AC

（2）电源接通后,屏幕上出现扫描光迹,分别调节亮度、聚焦、垂直和水平位移旋钮等,使光迹显示在荧光屏的中间位置。

（3）用 CH1 通道的探头接入控制面板左下角的校准信号（$2U_{pp}$,1 kHz 方波）,使荧光屏上显示稳定的方波波形。

（4）用 CH2 通道的探头接入校准信号,将示波模式 MODE 置于"CH2",内触发源置于"CH2",同样使荧光屏上显示稳定的方波波形。

3）垂直系统控制面板的操作

垂直系统的控制面板如附图 2.5 所示,它包括两个通道 CH1 和 CH2 的操作。

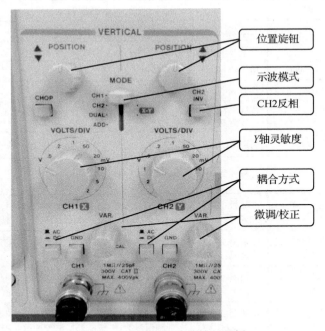

附图 2.5　垂直系统的控制面板

（1）首先是位置旋钮 POSITION 的操作。面板上两个 POSITION 旋钮分别用于调节 CH1 通道信号波形和 CH2 通道信号波形在荧光屏上的上/下位置。

（2）其次是示波方式的选择:当只需观测一路信号时,将"MODE"拨键开关置于"CH1"或"CH2",此时被选通的通道有效,被测信号可以从该通道输入。当需要同时观测两路信号,即双踪示波时,将"MODE"拨键开关置于"DUAL"位置。该方式支持两路信号同时观测。若需要观测两路信号的代数和,则将"MODE"拨键开关置于"ADD"位置。选择该方式时,两路信号的衰减设置必须一致。

（3）再次是输入耦合方式的选择:直流(DC)耦合适用于观测直流信号,也可以观测频率很低的信号;交流(AC)耦合意味着信号中的直流成分被隔离,只观测信号中的交流成分;接地(GND)耦合则意味着输入端接地,此时输入信号无法进入相应通道,该耦合方式用于确定输入为 0 时光标所在的位置。

（4）然后是 Y 轴灵敏度(VOLTS/DIV)选择:两个 Y 轴灵敏度旋钮分别控制 CH1 通道和 CH2 通道。这两个旋钮应用很频繁,用于根据信号幅度的大小选择合适的挡级。若信号幅度较大,相应的该旋钮也应当设置较大的挡级,直到荧光屏上出现大小适合观测的波形为止。例如,信号幅度为 $2U_{pp}$,一般该旋钮需要调节到 0.5 V/div,这样在 Y 轴方向上信号波形将占据 4 格。

（5）最后是微调/校正旋钮 VAR。类似地,两个微调/校正旋钮也分别控制 CH1 和 CH2 通道。用于分别连续调节 Y 轴方向通道 CH1 和 CH2 的分辨率,调节范围≥2.5 倍。若将其逆时针旋到底则为校准位置,此时可根据步骤(4)的设置读取信号的幅度值。一般情况下需要逆时针旋到底。

4）水平系统控制面板的操作

水平系统控制面板的操作相对简单,但同样重要。包括水平位置调制 POSITION 旋钮、扫描倍率衰减、扫描速率旋钮和微调/校正旋钮,如附图 2.6 所示。

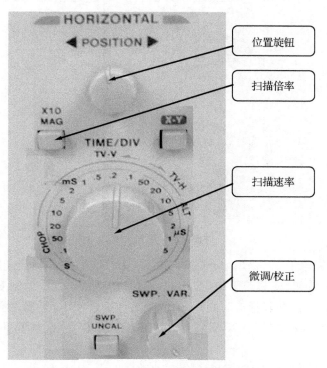

附图 2.6　水平系统的控制面板

（1）首先是水平位置 POSITION 旋钮,用于调节荧光屏上的波形在 X 轴方向的位置。

(2) 其次是扫描速率即 X 轴时间分辨率的设定：由水平扫描速率旋钮 TIME/DIV 设定,需根据被观测信号频率的高低选择合适的挡级。若信号频率较高,相应地该旋钮的时间分辨率也应当设置较高的分辨率挡级,使荧光屏上出现宽度适合观测的波形。例如,信号的频率为 1 kHz,即周期为 1 ms,此时可设置旋钮 TIME/DIV 为 0.5 ms/div 或 0.25 ms/div,这样,信号的一个完整周期波形将占用荧光屏 X 轴方向 2 格或 4 格。

(3) 再次是扫描倍率衰减按钮×10 MAG,用于 X 轴扫描速率的衰减,衰减比例为 10∶1。一般实验时该按钮弹起。

(4) 最后是微调/校正旋钮 VAR。用于调节 X 轴扫描速率,调节范围≥2.5 倍。若将其逆时针旋到底则为校准位置,此时可根据步骤(2)的设置读取信号的周期。一般情况下需要逆时针旋到底。

5) 触发面板的操作

触发面板典型布局如附图 2.7 所示。

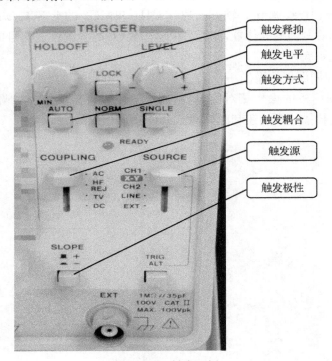

附图 2.7　触发面板

(1) 首先是触发电平 LEVEL 和触发释抑调节 HOLDOFF。当荧光屏显示波形不稳定时,可旋动 LEVEL 旋钮,使其趋于稳定;HOLDOFF 旋钮用于释放抑制变量调节,即将示波器的触发电路封闭一段时间(释抑时间)。这两个旋钮配合使用,调节显示波形的稳定程度。

(2) 其次是触发方式 AUTO、NORM 和 SINGLE 的选择。一般情况下都选择自动 AUTO 触发方式。

(3) 然后是触发耦合 COUPLING。分 5 种耦合方式,分别为 AC、HF、REJ、TV 和 DC。在此介绍几种常用的触发耦合:AC 耦合又称电容耦合,它只允许用触发信号的交流分量触发,触发信号的直流分量被隔断。通常在不考虑 DC 分量时使用这种耦合方式,以形成稳定触发。但是如果触发信号的频率小于 10 Hz,会造成触发困难。高频抑制 HF 触发时,触发信号通过低通滤波器加到触发电路,触发信号的高频成分被抑制。低频抑制 REJ 触发时,触发信号经过高通滤波器加到触发电路,触发信号的低频成分被抑制。直流耦合 DC 不隔断触发信号的直流分量,当触发信号的频率较低或者触发信号的占空比很大时,使用直流耦合较好。此外,还有用于电视维修的电视同步 TV 触发。这些触发耦合方式各有自己的适用范围,需在使用中去体会。一般在模电、数电实验中,采用 AC 耦合最为常见。

(4) 再次是触发源 SOURCE,用于选择不同的触发源。触发源有四种:CH1、CH2、LINE 和 EXT。选择 CH1,则在双踪示波时,触发信号来自 CH1 通道;单踪示波时,触发信号来自被显示的通道。选择 CH2,则在双踪示波时,触发信号来自 CH2 通道;单踪示波时,触发信号来自被显示的通道。电源触发 LINE 用于与市电信号同步。EXT 表示选择外部触发源,此时触发源由面板右下方的 EXT 通道输入信号。

(5) 最后是触发极性 SLOPE,分为正极性和负极性。一般该按钮需弹起,选择正极性触发,即上升沿触发。

4. 用示波器测量信号电参数

1) 电压/幅度的测量

示波器的电压测量实际上是对所显示信号波形的幅度测量,测量时应当使被测波形稳定显示,幅度一般不超过 6 格,以免非线性失真造成误差。

若测量交流信号电压幅度,则待信号稳定显示后,将 Y 轴对应通道的"微调/校正"旋钮旋至校准位置,然后调节 Y 轴灵敏度(VOLTS/DIV)选择旋钮,使信号波形大约占据 3～5 格,此时交流电压幅度为:

$$U_{pp} = Y 轴灵敏度(VOLTS/DIV) \times 垂直方向格数(div)$$

若测量直流电平,首先设置被测通道的输入耦合方式为"GND",并调节垂直移位 POSITION,将扫描基线调至合适位置,作为零电平基准,然后将 Y 轴灵敏度选择旋钮旋至校准位置,输入耦合方式为"DC",被测电平信号输入后,扫描基线将偏移,读出偏移格数,则被测电平为:

$$V = 偏移方向(+或-) \times Y 轴灵敏度(VOLTS/DIV) \times 垂直方向偏移格数(div)$$

2) 时间的测量

时间测量主要针对被观测信号的周期、脉冲宽度、边沿时间以及两个信号的延迟时间差(相位差)等参数的测量。一般要求信号在 X 轴方向占据 2～6 格。

针对信号周期的测量,需要先将 X 轴"微调/校正"旋钮旋至校准位置,然后调节 X 轴水平扫描速率旋钮 TIME/DIV,使信号一个周期波形大约占据 2～5 格。例如,当 TIME/DIV 旋钮调节至 0.2 ms 时,某正弦波波形如附图 2.8 所示。可见该正弦波一个周期在 X 方向占用约 2.5 格,则其周期为 0.2 ms × 2.5 = 0.5 ms,对应的该信号频率为 2 kHz。

利用示波器 X 方向时间测量功能还可以进行两个信号相位差的测量。首先将待测量的两个信号分别接入 CH1 和 CH2 通道,并将垂直系统的示波模式调为"DUAL",即双踪示波方式。然后设置内触发源为 CH1,输入耦合方式为"AC",调节 CH1、CH2 的 X 轴和 Y 轴位移旋钮,使两条扫描基线重合,如附图 2.9 所示。

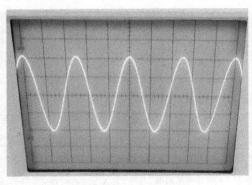 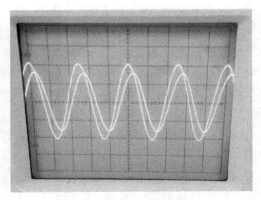

附图 2.8　正弦波波形　　　　　　　　　　**附图 2.9　相位差示意图**

读出两个波形水平方向的间隔格数 D 以及信号周期所占格数 T,则相位差:

$$\theta=\frac{D}{T}\times360°$$

附录 3　函数信号发生器的使用

函数信号发生器又称信号源、信号发生器，其功能主要是产生/输出不同频率、幅度的正弦波、方波、三角波、锯齿波及其他简单调制的波形，也可以输出特定电平信号。信号发生器类型很多，有模拟型、数字型、单一信号发生、函数信号发生、低频信号发生、高频信号发生、微波信号发生、噪声信号发生、随机信号发生等类型。在高校的电子技术基础教学中，一般选用合成型函数信号发生器，可满足不同类型、不同频率信号的产生。

EE1410 型函数信号发生器是一款性价比较高、在诸多高校的电子技术基础实验室中应用较广的信号源。其主要技术指标如下：

- 输出频率：0.01 Hz～30 MHz；
- 输出波形：正弦波、方波、脉冲波、三角波、锯齿波、调幅波、调频波、脉冲串、FSK 波、BPSK 波等；
- 输出方式：点频、扫频、调幅、调频；
- 独立的 TTL/CMOS 电平可调输出；
- 独立的 50 Hz 数字信号输出；
- 频率计测频范围：1 Hz～100 MHz；
- 输出幅度：2 mV～20 V（1 MΩ，≤10 MHz）
  （峰-峰值）2 mV～5 V（1 MΩ，≤30 MHz）
  　　　　　2 mV～3 V（1 MΩ，>30 MHz）；
- 调制方式：调频、调幅、BURST、FSK、BPSK；
- 正弦波失真度：≤0.1%；
- 方波沿：≤20 ns；
- 占空比：20%～80%可调；
- 显示方式：16 位液晶屏，频率 8 位、幅度 3 位双排同时显示，幅度可切换显示峰-峰值和有效值；
- 具有短路和过载错接输出保护功能。

EE1410 型合成函数信号发生器的面板如附图 3.1 所示。

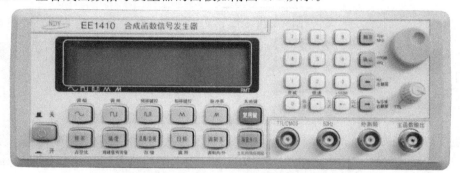

附图 3.1　EE1410 型合成函数信号发生器

本书以 EE1410 型合成函数信号发生器为例,说明合成函数信号发生器的使用方法。

首先,信号发生器开机后,液晶屏将显示仪器型号名称,然后仪器进入初始状态,即输出正弦波,无调制,频率默认 3 MHz,峰-峰值 1 V。输出端为仪器面板的右下角的"主函数输出"。

然后,我们介绍一些最常用波形输出方法。

例如,若要输出峰-峰值为 30 mV、频率为 1 kHz 的正弦波,方法如下:

(1) 开机后,首先选择输出信号波形,按下液晶屏下方的标志为"正弦波"的按钮;

(2) 按下"频率"按钮,从液晶屏右侧的数字键盘中按下"1"数字按钮后,再按下标有"mV$_{pp}$,kHz"的按钮即完成频率设置;

(3) 最后按下"幅度"按钮,从液晶屏右侧的数字键盘中接连按下数字"3"和"0"按钮后,再按下旁边标有"mV$_{pp}$,kHz"的按钮,完成幅度的设置。

若要输出幅度为 1.5 V、频率 300 Hz 的方波,方法如下:

(1) 开机后,首先选择输出信号波形,可按下液晶屏下方的标志为"方波"的按钮;

(2) 然后按下"频率"按钮,从液晶屏右侧的数字键盘中接连按下数字"3"和两个数字"0"按钮后,再按下标有"Hz,左翻屏"的按钮即完成频率设置;

(3) 最后按下"幅度"按钮,从液晶屏右侧的数字键盘中接连按下数字"1"". "和"5"按钮后,再按下旁边标有"V$_{pp}$,MHz"的按钮,完成幅度的设置。

总结以上的方法,不难发现,若要输出特定幅度、频率的某种波形,可通过按键先选波形,再分别通过"频率"按钮、"幅度"按钮和数字键盘设置频率值和幅度值即可完成。EE1410 型合成函数信号发生器可输出的常规波形包括:正弦波、方波、脉冲波、三角波和锯齿波。此外通过复合第二功能,还可以产生调频、调幅、频移键控(FSK)和相移键控(PSK)波形。

需要说明的是,在使用按键的第二功能时,需要按住"复用键"不放,然后再按下需要的功能键。由于 EE1410 型合成函数信号发生器的第二功能较多,在此只介绍几种常见的第二功能操作方法。

(1) 峰-峰值与有效值的切换:开机后液晶屏上出现的幅度默认是有效值,例如 $U_{pp} = $ 1 V 的正弦波,对应的液晶上显示为:

MAmp: 1 V$_{pp}$

此时,按住"复用键"+"幅度"键,则切换为显示信号的有效值:

MAmp: 353 mV$_{rms}$

(2) 调幅模式设置:按下"复用键"+"正弦"键,进入调幅状态,此时输出信号为调幅波,显示如下:

Mod: AM　INT

表示当前工作模式为调幅、调制源为内部。此时调节旋转编码器可改变调幅深度。

(3) 调频模式设置:按下"复用键"+"方波"键,进入调频状态,此时输出信号为调频波,显示如下:

```
Mod：FM　INT
```

表示当前工作模式为调频、调制源为内部。此时调节旋转编码器可改变频偏。

（4）频移键控（FSK）模式设置：按下"复用键"＋"脉冲波"键，进入频移键控 FSK 工作状态，此时输出信号为 FSK 调制波（注：三角波、锯齿波没有此工作模式），显示如下：

```
Mod：FSK　INT
```

表示当前工作模式为 FSK、调制源为内部。此时可以按"右翻屏"键，显示如下：

```
F1：1.000 00 kHz
```

表示 FSK 工作模式中的 F1 频率，若要修改该 F1 频率，可按数字键和频率单位键进行修改。继续按"右翻屏"键，显示如下：

```
F2：10.000 0 kHz
```

表示 FSK 工作模式中的 F2 频率，此时同样可以通过数字键和频率单位键修改 F2 的频率。

（5）相移键控（PSK）模式设置：可通过按"复用键"＋"三角波"键，进入二进制相移键控 BPSK 工作状态，此时输出为 BPSK 调制波，显示如下：

```
Mod：BPSK　INT
```

表示当前工作模式为 BPSK、调制源为内部。此时按"右翻屏"键，显示如下：

```
Phase1：90.0°
```

该值表示 BPSK 工作模式中的相位 1，此时可通过数字键和右翻屏（单位度）修改相位。继续按"右翻屏"，则显示如下：

```
Phase2：270.0°
```

表示 BPSK 模式的相位 2，此时也可以按上述方法修改该相位值。若液晶屏显示如下信息：

```
MF：1.000 00 kHz
```

则表示当前 BPSK 调制的载频，可通过数字键和单位按键修改载频。

附录 4　交流毫伏表的使用

　　交流毫伏表一般用于比较精确地测量交流电压的有效值,其构成由输入保护电路、前置放大器、衰减放大器、表头指示放大器、整流器、输出显示表/屏和电源部分构成。可分为数字/模拟超高频毫伏表(射频毫伏表)、视频毫伏表、工频/音频毫伏表、数字/模拟双通道毫伏表以及模拟/数字多用交流毫伏表。在高校电子技术基础实验室中,比较常见的是模拟/数字双通道交流毫伏表。模拟式交流毫伏表采用指针式表盘,读数前需要调零、校零,使用起来不如数字式毫伏表方便,因此,近年来,实验室中的数字式交流毫伏表越来越常见。接下来,以 TC1911 型数字式交流毫伏表为例说明该类仪器的操作使用方法。

　　TC1911 型数字式交流毫伏表主要用于测量频率范围为 10 Hz~2 MHz,电压为 100 μV~400 V 的正弦波电压有效值。该仪器具有噪声低、线性度好、测量精度高、测量电压频率范围宽,以及输入阻抗高等优点,同时,更换量程不需要调零,4 位数字显示,易于读数。该类仪器具有输入保护功能,确保输入端过载不损伤仪器,还具有超量程报警功能。具体技术指标如下:

- 交流电压测量范围:100 μV~400 V;
- 分五个量程(40 mV、400 mV、4 V、40 V、400 V);
- 测量电压的频率范围:10 Hz~2 MHz;
- 电压的固有误差±0.5%读数(1 kHz 为基准);
- 基准条件下的频率影响误差如附表 4.1 所示(1 kHz 为基准):

附表 4.1　频率影响误差

50 Hz~100 kHz	1.5%
20 Hz~50 Hz 100 kHz~500 kHz	2.5%
10 Hz~20 Hz 500 kHz~2 MHz	4%

- 输入电阻:1 MΩ;
- 输入电容:40~400 mV,≤45 pF;4~400 V,≤30 pF;
- 最高分辨率为:10 μV;
- 温漂:小于 100 ppm/℃;
- 最大输入电压:AC 峰值+DC=600 V;
- 电源:AC220 V±22 V,50 Hz±2 Hz,功耗约 8 W。

　　TC1911 型数字式交流毫伏表的操作面板如附图 4.1 所示。该面板设计简约、易操作,主要功能包括量程选择和输入通道选择。

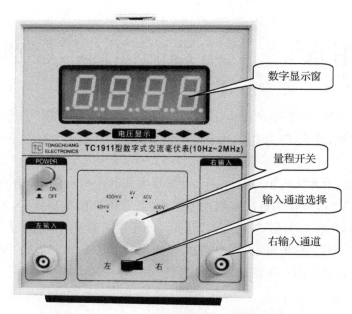

附图 4.1　TC1911 型数字式交流毫伏表面板

采用 TC1911 型数字式交流毫伏表测量交流信号有效值的方法如下：

（1）首先选择输入通道，若采用左输入通道测量，则将"输入通道选择"拨键开关拨到"左"位置，反之拨到"右"位置。

（2）然后选择量程，为保护仪器，一般在测量开始前，可选择较大的量程，如 40 V 或 400 V。

（3）最后接入信号，并根据数字显示窗的显示，调整量程，使显示的值位数满足精度要求。

附录 5　　电阻器的标称与鉴别

电阻器,简称电阻,用字母 R 表示,英文名为 Resistor。电阻在电子技术基础实验中十分常见,可用作限流、分压、电位上拉/下拉、分流、负载等,是电子电路必不可少的基本元件之一。

电阻按材料分,有水泥电阻、碳膜电阻、金属膜电阻和绕线电阻;按功率分,有 1/16 W,1/8 W,1/4 W,1/2 W,1 W 和更高额定功率的电阻;按阻值的精确度分,可分为 1%、5%、10%、20% 等电阻,还有 0.01%、0.1%、0.2%、0.5% 精度的精密电阻;按封装形式,可分为直插电阻、排阻、贴片电阻、柱形电阻;从功能上,可分为固定电阻、可调电阻、光敏电阻、压敏电阻、热敏电阻等。常见电阻如附图 5.1 和附图 5.2 所示。

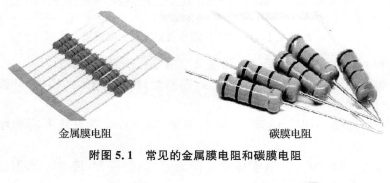

金属膜电阻　　　　　　　　　碳膜电阻

附图 5.1　常见的金属膜电阻和碳膜电阻

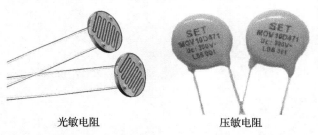

光敏电阻　　　　　　　　压敏电阻

附图 5.2　常见的光敏电阻和压敏电阻

在一些电路的 PCB(印刷电路板)上,如附图 5.3 所示的贴片电阻也很常见。其阻值有的不标注,有的采用数学计数法标注。附图 5.3 中的电阻,其阻值采用数学计数法标注,例如 103,表示 10×10^3 Ω=10 kΩ;151 则表示 150 Ω,以此类推。贴片电阻的封装规格也多种多样,描述其封装格式一般采用英制尺寸,主要有 0402、0603、0805、3216、3528、6032 等封装格式。封装尺寸的含义如下,以 0603 封装为例,长 60 mil,宽 30 mil,对应的公制尺寸约为 1.52 mm×0.76 mm,换算方法是 100 mil≈2.54 mm。其他封装尺寸以此类推。

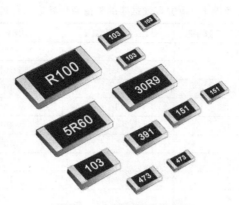

附图 5.3　常见的贴片电阻

在电子技术基础实验中,最常用的是金属膜电阻或碳膜电阻,其封装一般为直插式,阻值和精度标称为色环标志法。

色环标志法是采用不同颜色的色环在电阻器表面标称阻值和允许偏差的方法,具有直观、易于辨认的优点。

1. 两位有效数字的色环标志法

普通电阻器用 4 条色环表示标称阻值和允许误差,其中 3 条表示阻值,1 条表示偏差。如附图 5.4 所示,其中 3 条表示阻值的色环中有两位是有效数字,第 3 条为倍率,即 10 的幂指数,1 条表示偏差,一般分为 5%、10%、20%等偏差等级。

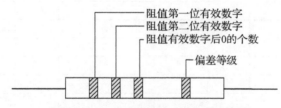

附图 5.4　两位有效数字的色环示意图

2. 三位有效数字的色环标志法

精密电阻器用 5 条色环表示标称阻值和允许误差,其中 4 条表示阻值,1 条表示偏差。如附图 5.5 所示,其中 4 条表示阻值的色环中有三位是有效数字,第 4 条为倍率,即 10 的幂指数,1 条表示偏差,一般分为 0.1%、0.5%、1%等偏差等级。

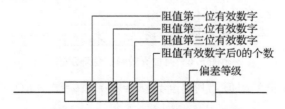

附图 5.5　三位有效数字的色环标志示意图

无论是两位有效数字还是三位有效数字标志法,都采用颜色来表示具体的数字,不同的颜色所代表的含义见附表 5.1 和附表 5.2。

附表 5.1　　两位有效数字的阻值色环标志对应表

颜色	第一位有效数字	第二位有效数字	倍率/幂	偏差等级/%
黑	0	0	10^0	—
棕	1	1	10^1	—
红	2	2	10^2	—
橙	3	3	10^3	—
黄	4	4	10^4	—
绿	5	5	10^5	—
蓝	6	6	10^6	—
紫	7	7	10^7	—
灰	8	8	10^8	—
白	9	9	10^9	±20
金	—	—	10^{-1}	±5
银	—	—	10^{-2}	±10
无色	—	—	—	±20

附表 5.2　　三位有效数字的阻值色环标志对应表

颜色	第一位 有效数字	第二位 有效数字	第三位 有效数字	倍率/幂	偏差 等级/%
黑	0	0	0	10^0	—
棕	1	1	1	10^1	±1
红	2	2	2	10^2	±2
橙	3	3	3	10^3	—
黄	4	4	4	10^4	—
绿	5	5	5	10^5	±0.5
蓝	6	6	6	10^6	±0.25
紫	7	7	7	10^7	±0.1
灰	8	8	8	10^8	—
白	9	9	9	10^9	—
金	—	—	—	10^{-1}	
银	—	—	—	10^{-2}	

3. 电阻器色环标志法示例

附图 5.6 所示电阻器的阻值及其精度为：$R=24×10^1=240\ \Omega$，精度：±5%。

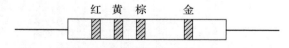

附图 5.6　两位有效数字色环示例

附图 5.7 所示电阻器的阻值及其精度为：$R=680×10=6.8\ \text{k}\Omega$，精度：±2%。

附图 5.7　三位有效数字色环示例

附录 6　电容器的标称与鉴别

电容器(简称电容),用字母 C 表示,顾名思义,是一种容纳电荷的器件,英文名称 Capacitor。电容器是电子电路中大量使用的电子元件之一,广泛应用于电路中的隔直通交、耦合、旁路、滤波、谐振、积分、微分、能量转换、控制以及定时(与电阻器)等方面。

依据不同分类方法,电容可分成很多种类,一般有以下几种分类法:

(1) 按照结构分三大类:固定电容器、可变电容器和微调电容器。

(2) 按有无极性分两大类:有极性电容器和无极性电容器。

(3) 按电解质分类:有机介质电容器、无机介质电容器、电解电容器、电热电容器和空气介质电容器等。

(4) 按用途分类:高频旁路、低频旁路、滤波、调谐、高频耦合、低频耦合、小型电容器。

(5) 按制造材料的不同可以分为:瓷介电容、涤纶电容、电解电容、钽电容,还有先进的聚丙烯电容等。

(6) 高频旁路类:陶瓷电容器、云母电容器、玻璃膜电容器、涤纶电容器、玻璃釉电容器。

(7) 低频旁路类:纸介电容器、陶瓷电容器、铝电解电容器、涤纶电容器。

(8) 滤波类:铝电解电容器、纸介电容器、复合纸介电容器、液体钽电容器。

(9) 调谐类:陶瓷电容器、云母电容器、玻璃膜电容器、聚苯乙烯电容器。

(10) 低耦合:纸介电容器、陶瓷电容器、铝电解电容器、涤纶电容器、固体钽电容器。

电容的主要参数有容量、误差、耐压、绝缘电阻、损耗及温度系数等。选择电容主要考虑其容量、额定工作电压及其精度、元件封装与尺寸,以及电路对电容器其他工作性能的要求等指标。

1. 电容器型号的意义

电容器的型号一般由四部分构成:型号名称、额定电压、标称容量和误差等级。例如,CZJX-250-0.033-±10%,表示该电容器为小型金属化纸介电容器,额定电压为 250 V,标称容量为 0.033 μF,允许误差为±10%。

电容器的型号名称用字母表示,由主称、材质、类型等几部分构成。主称:电容器用 C 表示;接下来的字母代表材质,如 A—钽电解、B—聚苯乙烯等非极性薄膜、C—高频陶瓷、D—铝电解、E—其他材料电解、G—合金电解、H—复合介质、I—玻璃釉、J—金属化纸、L—涤纶/聚酯、N—铌电解、O—玻璃膜、Q—漆膜、T—低频陶瓷、V—云母纸、Y—云母、Z—纸介质等;类型也是用字母表示,如 X—小型、D—低压、M—密封等。

电容器的误差等级一般分 0.5%、1%、2%、3%、5%、10%、20%、30%等。电子技术基础实验室中常用的是 10%误差等级的电容器。

2. 常用电容器的几项指标特性

常用电容器的几项特性见附表 6.1。

附表 6.1　常用电容器的特性说明

名称	容量范围	直流工作电压/V	适用频率/MHz
纸介电容	470 pF～0.22 μF	63～630	0～8
金属壳密封 纸介电容	0.01 μF～10 μF	250～1 600	直流、脉动直流
金属化纸介电容	0.01 μF～0.22 μF	160～400	0～8
薄膜电容	3 pF～0.1 μF	63～500	高频、低频
云母电容	10 pF～0.051 μF	100～7 000	75～250
铝电解电容	1 μF～10 000 μF	4～500	直流、脉动直流
钽铌电解电容	0.47 μF～1 000 μF	6.3～160	直流、脉动直流

3. 电容器额定电压的标识方法

电容器的额定电压一般分直标法和文字符号法。

直标法,顾名思义,就是直接标出电容的额定电压,如 35 V,表示正常工作时应在 35 V 以下。

文字符号法则是以一个数字和一个英文字母组合而成。数字表示 10 的幂指数;英文字母则代表数值,具体字母所代表的数值见附表 6.2。

附表 6.2　电容器额定电压标识中的字母代表的数值　　　　　　　　单位:V

数字	字母对应的数值										
	A	B	C	D	E	F	G	H	J	K	Z
0	1.0	1.25	1.6	2.0	2.5	3.15	4.0	5.0	6.3	8.0	9.0
1	10	12.5	16	20	25	31.5	40	50	63	80	90
2	100	125	160	200	250	315	400	500	630	800	900

例如:1J 表示 63 V,2Z 代表 900 V。

4. 电容器容量的标识方法

电容器容量的标识方法一般分直标法、文字符号法、色标法和数学计数法。

(1) 直标法

用数字和单位符号直接标出。如 1 μF 表示 1 微法,有些电容用"R"表示小数点,如 R56 表示 0.56 μF。

(2) 文字符号法

用数字和文字符号有规律的组合来表示容量。如 p10 表示 0.1 pF、1p0 表示 1 pF、6p8 表示 6.8 pF、2u2 表示 2.2 μF。

(3) 色标法

用色环或色点表示电容器的主要参数。电容器的色标法与电阻的色环法相同,在此不再赘述。

(4) 数学计数法

数学计数法一般是三位数字,第一位和第二位为有效数字,第三位是幂指数。例如标值 104,容量就是:$10\times10^4=100\ 000$ pF$=0.1$ μF;如果标值 473,即为 $47\times10^3=47\ 000$ pF(后面的 4、3,都表示 10 的幂指数)。又如:$332=33\times10^2=3\ 300$ pF。

需要说明的是,在电子技术基础实验中,最为常用的是附图6.1中所展示的两种类型电容,其中,图(a)是铝电解电容,其容量采用直标法,如直接标注22 μF、100 μF、470 μF、1 000 μF等;图(b)则是常见的陶瓷电容,其容量采用数学计数法,如图中标注222,则容量为22$\times$10^2=2 200 pF,若标志104,则容量为10$\times$10^4=100 000 pF=0.1 μF。

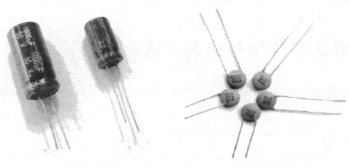

(a) 铝电解电容　　　　　　　(b) 陶瓷电容

附图6.1　常见的电解电容和陶瓷电容

此外,在一些电路的PCB(印刷电路板)上,如附图6.2所示的贴片电容也很常见,其中图(a)为无极性的贴片电容,其容量有的不标注,有的采用数学计数法;图(b)为有极性的贴片电容,其容量采用数学计数法,例如107,则表示100 μF。贴片电容的封装规格也多种多样,描述其封装格式一般采用英制尺寸,主要有0402、0603、0805、3216、3528、6032等封装形式。封装尺寸的含义如下,以0603封装为例,长60 mil,宽30 mil,对应的公制尺寸约为1.52 mm$\times$0.76 mm,换算方法是100 mil$\approx$2.54 mm。其他封装尺寸以此类推。

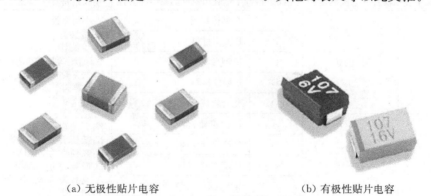

(a) 无极性贴片电容　　　　　　　(b) 有极性贴片电容

附图6.2　典型的贴片电容

附录 7　半导体分立器件

一、我国半导体器件型号命名方法

根据我国国家标准 GB/T 249—2017,半导体分立器件命名一般由 5 部分构成,如附图 7.1。

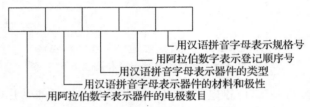

用汉语拼音字母表示规格号
用阿拉伯数字表示登记顺序号
用汉语拼音字母表示器件的类型
用汉语拼音字母表示器件的材料和极性
用阿拉伯数字表示器件的电极数目

附图 7.1　半导体分立器件的名称组成

各部分的具体说明见附表 7.1 所示。

附表 7.1　半导体分立器件名称各部分说明

第一部分 用阿拉伯数字表示器件的电极数目		第二部分 用汉语拼音字母表示器件的材料和极性		第三部分 用汉语拼音字母表示器件的类型
2	二极管	A	N 型锗材料	P:小信号管 H:混频管 V:检波管 W:电压调整管和电压基准管 C:变容管 Z:整流管 L:整流堆 S:隧道管 K:开关管 X:低频小功率晶体管 G:高频小功率晶体管 D:低频大功率晶体管 A:高频大功率晶体管 T:闸流管 B:雪崩管
2	二极管	B	P 型锗材料	
2	二极管	C	N 型硅材料	
2	二极管	D	P 型硅材料	
2	二极管	D	化合物成合金材料	
3	三极管	A	PNP 型锗材料	
3	三极管	B	NPN 型锗材料	
3	三极管	C	PNP 型硅材料	
3	三极管	D	NPN 型硅材料	
3	三极管	E	化合物或合金材料	

例如,3DG6C 晶体管符号的意义如下(附图 7.2):

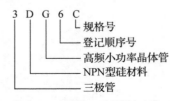

3 D G 6 C
规格号
登记顺序号
高频小功率晶体管
NPN型硅材料
三极管

附图 7.2　NPN 型管的命名

二、部分半导体器件型号、规格和主要参数

1. 部分小功率硅整流二极管（附表 7.2）

附表 7.2

最高反向工作电压 U_{RM}/V	最大整流电流 I_F/mA,最大正向压降 U_F/V					
	100 mA,$\leqslant$1 V		100 mA,$\leqslant$1 V		100 mA,$\leqslant$1 V	
	新型号	旧型号	新型号	旧型号	新型号	旧型号
25	2CZ52A	2CP10	2CZ53A	2CP31	2CZ54A	2CP33
50	2CZ52B	2CP6K	2CZ53B	2CP21A	2CZ54B	2CP1A
		2CP11		2CP31A		2CP33A
100	2CZ52C	2CP6A	2CZ53C	2CP21	2CZ54C	2CP1
		2CP12		2CP31B	2CZ54D	2CP33B
200	2CZ52D	2CP6B	2CZ53D	2CP22		2CP2
		2CP14		2CP31D	2CZ54E	2CP33D
300	2CZ52E	2CP6C	2CZ53E	2CP23		2CP3
		2CP16		2CP31F	2CZ54F	2CP33F
400	2CZ52F	2CP6D	2CZ53F	2CP24		2CP4
		2CP18		2CP31H	2CZ54G	2CP33H
500	2CZ52G	2CP6E	2CZ53G	2CP25		2CP5
		2CP19		2CP31I	2CZ54H	2CP33I
600	2CZ52H	2CP6G	2CZ53H	2CP26		2CP6
		2CP20		2CP31J	2CZ54J	2CP33J
700	2CZ52J	2CP6H	2CZ53J	2CP27		2CP7
		2CP6F		2CP31K	2CZ54K	2CP33K
800	2CZ52K	2CP20A	2CZ53K	2CP28		2CP8
				2CP31L		2CP33L

2. 稳压二极管中 2CW 系列硅管的部分规格和参数（附表 7.3）

附表 7.3

型号	稳压/V	稳定电流/mA	最大稳定电流/mA	动态电阻/Ω
2CW50	1~2.8		83	$\leqslant$50
2CW51	2.8~3.5		71	$\leqslant$60
2CW52	3.2~4.5		55	$\leqslant$70
2CW53	4~5.8		41	$\leqslant$80
2CW54	5.5~6.5	10	38	$\leqslant$30
2CW55	6.2~7.5		33	$\leqslant$15
2CW56	7~8.8		27	$\leqslant$15
2CW57	8.5~9.5		26	$\leqslant$20

续表

型号	稳压/V	稳定电流/mA	最大稳定电流/mA	动态电阻/Ω
2CW58	9.2~10.5		23	≤25
2CW59	10~11.8	10	20	≤30
2CW60	11.5~12.5		19	≤40

3. 部分硅平面 2DW 系列温度补偿稳压管规格和参数(附表 7.4)

附表 7.4

型号	稳压/V	稳定电流/mA	最大稳定电流/mA	动态电阻/Ω	电压温度系数 ×10⁻⁶/℃	电流/mA
2DW230 2DW231	5.8~6.6			≤25 ≤15	151	10
2DW232 2DW233 2DW234 2DW235 2DW236	6~6.5	10	30	≤10	151	5 7.5 10 12.5 15

4. 部分常用高频中小功率三极管型号和主要参数(附表 7.5)

附表 7.5

型号(新)	型号(旧)	极限参数(集电极) 最大耗散功率 P_{CM}/mW	极限参数(集电极) 最大允许电流 I_{CM}/mA	直流参数(反向击穿电压) 集基极 $U_{(BR)CBO}$/V	直流参数(反向击穿电压) 集射极 $U_{(BR)CEO}$/V	直流参数(反向击穿电压) 射基极 $U_{(BR)EBO}$/V	交流参数 共射极电流放大倍数 h_{fe}	交流参数 特征频率/MHz
3AG53A	3AG1A 3AG5A 3AG6A	50	10	25	15	1	30~200	≥30
3AG100A 3AG100B 3AG100C 3AG100D	3DG6A 3DG6B 3DG6C 3DG6D	100	20	≥30 ≥40 ≥30 ≥40	≥20 ≥30 ≥20 ≥30	≥4	≥30	≥150 ≥300
3CG100 3CG101	3CG1 3CG2 3CG3 3CG6 3CG12 3CG14 3CG15 3CG31	100	30	—	≥15	≥4	≥25	≥100
3DG130A 3DG130B 3DG130C 3DG130D	3DG12A 3DG12B 3DG12C 3DG12D	700	300	≥40 ≥40 ≥40 ≥40	≥30 ≥45 ≥30 ≥45	≥45	≥30	≥150 ≥300

附录 8　ICL7107 型 ADC 组成三位半直流数字电压表

　　CC7107/ICL7107 是一款集成了模拟电路与数字电路于一片芯片的大规模 CMOS 工艺的 A/D 转换器，它具有低功耗、高输入阻抗、低噪声的优点，能直接驱动共阳极 LED 显示器，无需额外增加驱动电路，使得转换电路大为简化，其引脚排列及功能说明见附图 8.1 及附表 8.1。

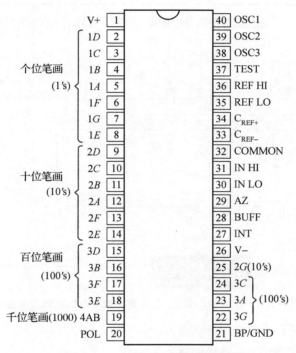

附图 8.1　CC7107/ICL7107 管脚图

附表 8.1　管脚说明

引脚	功能描述
V＋和 V—	电源的正负极
$1A \sim 1G$	个位显示的驱动信号，依次接个位数码管的对应笔画端
$2A \sim 2G$	十位显示的驱动信号，依次接十位数码管的对应笔画端
$3A \sim 3G$	百位显示的驱动信号，依次接百位数码管的对应笔画端
$4A\dot{B}$	千位显示的驱动信号，接千位数码管的 A,B 端
POL	负极性指示的输出端，接千位数码管的 G 段。PM 为低电平时显示负号
INT	积分器输出端，接积分电容

续表

引脚	功能描述
BUFF	缓冲放大器的输出端,接积分电容
AZ	积分器和比较器的反相输入端,接自动调零电容
IN HI,IN LO	模拟量输入端,分别接输入模拟电压的正负端
COMMON	模拟信号的公共端,即模拟地 GND
C_{REF+},C_{REF-}	外部基准电容
REF HI,REF LO	基准电压的正端和负端
TEST	测试端。此端经 500 Ω 电阻接至逻辑电路的公共地。当作"测试指示"时,把它与 V+短接后,LED 全部笔画点亮,显示"1888"
OSC1～OSC3	振荡器的引出端,外接阻容元件构成多谐振荡器

由 CC7107/ICL7107 组成的三位半直流数字电压表典型电路图如附图 8.2 所示。

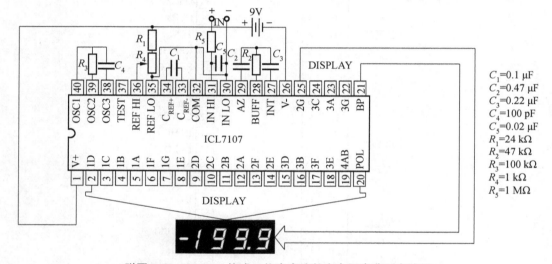

C_1=0.1 μF
C_2=0.47 μF
C_3=0.22 μF
C_4=100 pF
C_5=0.02 μF
R_1=24 kΩ
R_2=47 kΩ
R_3=100 kΩ
R_4=1 kΩ
R_5=1 MΩ

附图 8.2　ICL7107 构成三位半直流数字电压表典型电路图

附图 8.2 中,外围元件的作用分别是:

(1) R_3,C_4 为时钟振荡器的 RC 网络;

(2) R_1,R_4 为基准电压的分压网络;

(3) R_5,C_5 是输入端滤波电路,可提高电路的抗干扰能力,并增强它的过载能力;

(4) C_1,C_2 分别是基准电容和自动调零电容;

(5) R_2,C_3 分别是积分电阻和电容;

(6) CC7107/ICL7107 的 21 脚为逻辑地,第 37 脚经内部 500 Ω 电阻与 GND 连接;

(7) CC7107/ICL7107 芯片本身功耗小于 15 mW(不包括 LED 显示),能直接驱动共阳极 LED,无需另外的驱动器件。此外,它没有专门的小数点驱动信号,使用时,可将共阳数码管的公共阳极接 V+,小数点接 GND 时点亮,接 V+时熄灭。

附录 9　Proteus 仿真软件入门

一、Proteus 软件简介

Proteus 软件是英国 Lab Center Electronics 公司推出的 EDA 工具软件。它不仅具有其他 EDA 工具软件的仿真功能，还能仿真单片机及外围器件。它是目前比较好的模拟电路仿真、数字逻辑电路仿真、单片机及外围器件仿真的工具。目前国内高校已经普遍推广用于教学和实验，同时受到广大单片机爱好者、从事模拟/数字电子技术教学和单片机教学的教师、致力于逻辑电路设计、单片机开发应用的工程师的青睐。

Proteus 从原理图布图、代码调试到单片机与外围电路协同仿真，一键切换到 PCB 设计，真正实现了从概念到产品的完整设计。是能够将模拟/数字电路仿真软件、PCB 设计软件和虚拟模型仿真软件三合一的设计平台，其处理器模型支持 8051、HC11、PIC10/12/16/18/24/30/Ds、PIC33、AVR、ARM、8086 和 MSP430 等，2010 年又增加了 Cortex 和 DSP 系列处理器，并持续增加其他系列处理器模型。在编译方面，它也支持 IAR、Keil 和 MPLAB 等多种编译器。其特点主要包括：

（1）丰富的器件库：元器件种类丰富，可方便地创建新元件；智能的器件搜索：通过模糊搜索可以快速定位所需要的器件。

（2）多样的激励源：包括直流、正弦、脉冲、分段线性脉冲、音频（使用 wav 文件）、指数信号、单频 FM、数字时钟和码流，还支持文件形式的信号输入。

（3）丰富的虚拟仪器：13 种虚拟仪器，面板操作逼真，如示波器、逻辑分析仪、信号发生器、直流电压/电流表、交流电压/电流表、数字图案发生器、频率计/计数器、逻辑探头、虚拟终端、SPI 调试器、I2C 调试器等。

（4）生动的仿真显示：用色点显示引脚的数字电平，导线以不同颜色表示其对地电压大小，结合动态器件（如电机、显示器件、按钮）的使用可以使仿真更加直观、生动。

（5）高级图形仿真功能（ASF）：基于图标的分析可以精确分析电路的多项指标，包括工作点、瞬态特性、频率特性、传输特性、噪声、失真、傅里叶频谱分析等，还可以进行一致性分析。

（6）支持通用外设模型：如字符 LCD 模块、图形 LCD 模块、LED 点阵、LED 七段显示模块、键盘/按键、直流/步进/伺服电机、RS232 虚拟终端、电子温度计等，其 COMPIM（COM 口物理接口模型）还可以使仿真电路通过 PC 机串口和外部电路实现双向异步串行通信。

（7）实时仿真：支持 UART/USART/EUSART 仿真、中断仿真、SPI/I2C 仿真、MSSP 仿真、PSP 仿真、RTC 仿真、ADC 仿真、CCP/ECCP 仿真。

（8）智能化的连线功能：自动连线功能使连接导线简单快捷，大大缩短绘图时间，支持总线结构，使用总线器件和总线布线使电路设计简明清晰。

（9）完善的电路仿真功能，实现数字/模拟电路的混合仿真。

（10）多种输出格式的支持：可以输出多种格式文件，包括 Gerber 文件的导入或导出，便利与其他 PCB 设计工具的互转（如 Protel 和 Altium Designer）和 PCB 板的设计和加工。

二、Proteus 软件快速入门

（1）启动软件：单击 Windows 系统左下方的"开始"→"程序"→"Proteus Professional"→"ISIS Professional"，出现如附图 9.1 所示的界面，表明进入 Proteus ISIS 集成环境。

附图 9.1　Proteus 启动

（2）有了初步的认识后，我们就要开始添加元器件了。点击附图 9.2 中"添加元器件"所指向的"P"，就会出现如附图 9.3 所示的窗口，可添加需要的各种器件。

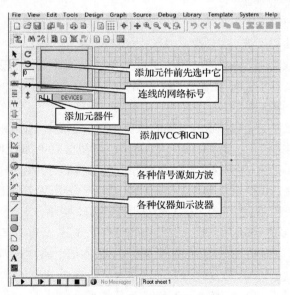

附图 9.2　主要功能按钮介绍

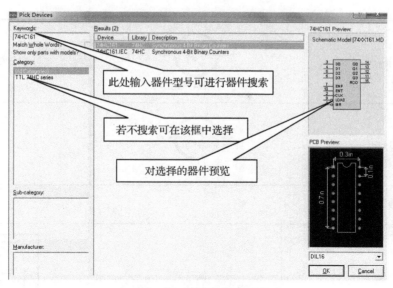

附图 9.3　放置和搜索元件

常用元器件搜索关键词：

- 电阻：Resistor；
- 地：Ground；
- 电源：Power；
- 电容：Capacitor；
- 电感：Inductor；
- 时钟信号源：Clock；
- 按键：Button；
- 开关：Switch/SW（后者包括单刀双掷开关等）；
- 晶体管：Transistor（包括二极管、BJT 三极管、MOSFET 等）；
- 电位器：Pot；
- 门电路：直接输入型号，如 74HC00、74HC86、74HC74、74HC138、74HC161、74HC151 等；
- 发光二极管：led-yellow/blue/red/green；

led-yellow	LED-YELLOW	左正右负
led-blue	LED-BLUE	左正右负

led-green		左正右负
led-red		左正右负

• 7 段数码管：7Seg。

7Seg-BCD	BCD 类	
7Seg-Digital	普通类	
7Seg-MPX1-CA	共阳 anode 类	
7Seg-MPX1-CC	共阴 cathode 类	

（3）搭建电路：选中需要的元器件后，放在电路图合适位置，用鼠标直接点击需要连线的端子，即可连线（见附图 9.4）。

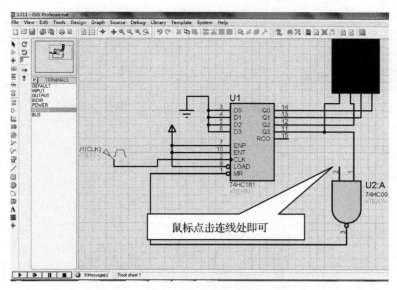

附图 9.4　电路搭建

本示例的 VCC 和 GND 端口元件，分别是 Power 和 Ground，可参考附图 9.2。

（4）运行仿真：点击软件左下方仿真按钮，按钮从左到右依次是开始运行、单步运行、暂停和停止，利用它们来实现仿真。附图 9.5 是仿真按钮，附图 9.6 是基于 74HC161 的九进制加计数器的仿真运行演示。

附图 9.5　仿真按钮

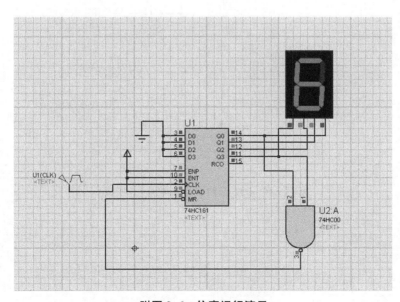

附图 9.6　仿真运行演示

三、Proteus 电路仿真——模拟电子电路

1. 场效应管放大电路

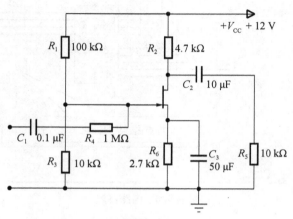

附图 **9.7** 场效应管放大电路

2. BJT 共射极放大电路

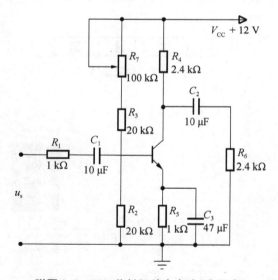

附图 **9.8** BJT 共射极放大电路(分压式)

3. 差分放大电路

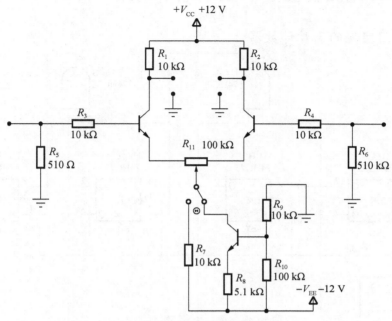

附图 9.9　差分放大电路

4. 负反馈放大电路

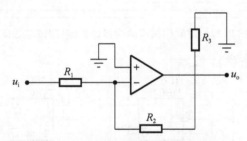

附图 9.10　负反馈放大电路(电压并联)

5. 非正弦信号产生电路

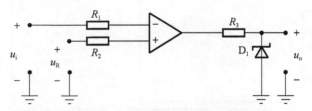

附图 9.11　非正弦信号产生电路(电压比较器)

四、Proteus 电路仿真——数字电子电路

1. 逻辑门实现的同步计数器

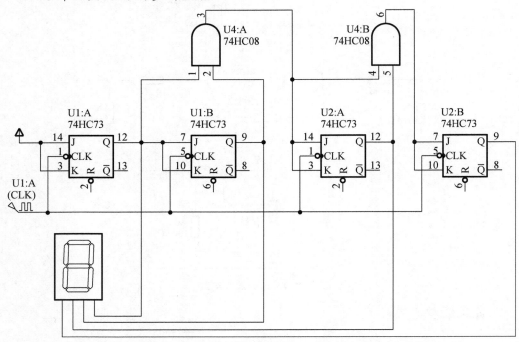

附图 9.12　逻辑门实现的同步计数器(四位二进制)

2. 逻辑门实现的异步计数器

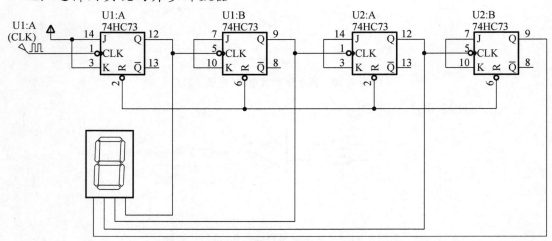

附图 9.13　逻辑门实现的异步计数器(四位二进制)

3. 74HC161 计数器

基于 74HC161 计数器,用异步清零法和同步置数法实现相同的九进制,二十四进制和六十进制。

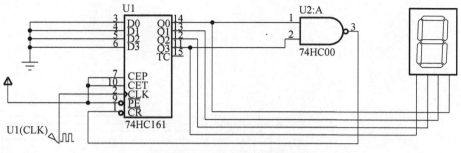

附图 9.14　九进制同步计数器

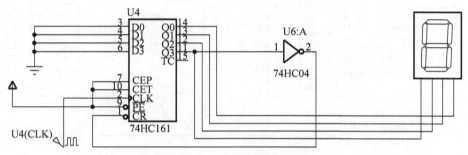

附图 9.15　九进制异步计数器

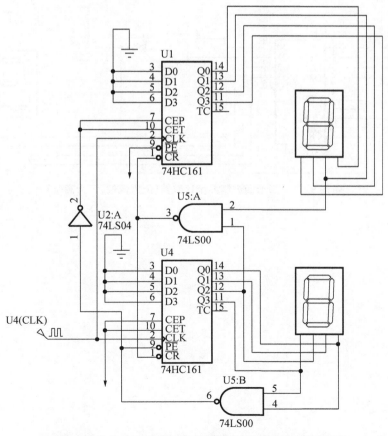

附图 9.16　二十四进制同步计数器(上为高位,下为低位)

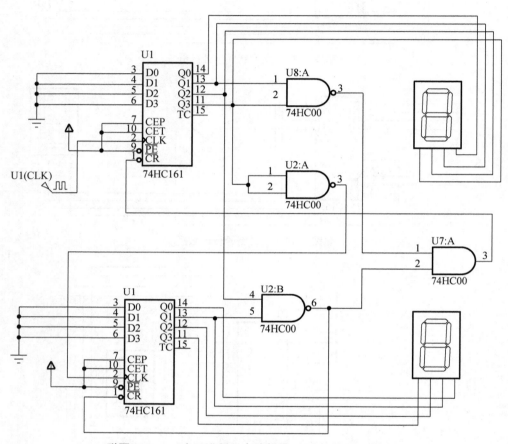

附图 **9.17** 二十四进制异步计数器(上为低位,下为高位)

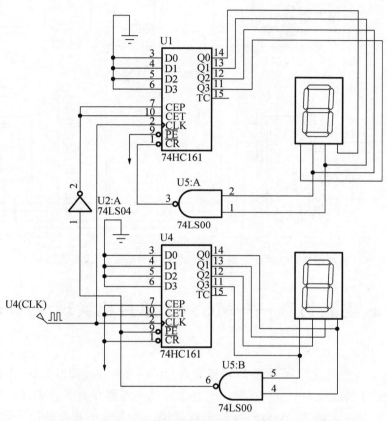

附图 9.18 六十进制同步计数器(上为高位,下为低位)

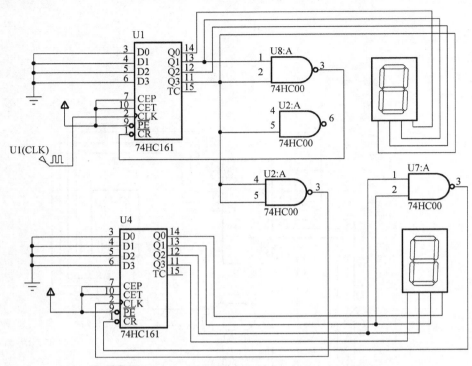

附图 **9.19**　六十进制异步计数器(上为低位,下为高位)

五、Proteus 电路仿真——MCS-51 单片机实现 A/D 转换

1. 介绍

ADC0809 是 8 位逐次逼近型 A/D 转换器。它由一个 8 路模拟开关、一个地址锁存译码器、一个 8 路 A/D 转换器和一个三态输出锁存器组成。多路开关可选通 8 个模拟通道。允许 8 路模拟量分时输入,共用 A/D 转换器进行转换。三态输出锁存器用于锁存 A/D 转换完的数字量,当 OE 端为高电平时,才可以从三态输出锁存器取走转换完的数据。

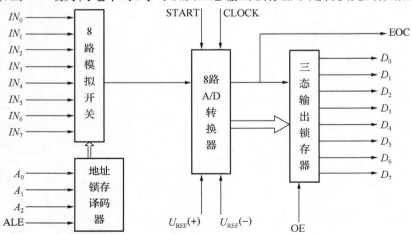

附图 **9.20**　**ADC0809 内部原理图**

2. ADC0809 芯片管脚图

管脚及功能说明如下：

- IN0～IN7：8 路模拟量输入端。
- D0(LSB)～D7(MSB)：8 路数字量输出端。
- ADDA、ADDB、ADDC：3 条地址输入线，用于选通 8 路模拟输入中的一路。
- ALE：地址锁存信号，输入高电平有效。
- START：A/D 转换启动脉冲输入端，输入一个正脉冲(至少 100 ns 宽)使其启动(脉冲上升沿使 0809 复位，下降沿启动 A/D 转换)。
- EOC：A/D 转换结束信号，输出高电平，当 A/D 转换结束时，此端输出一个高电平，才能打开输出三态门，输出数字量。
- CLK：时钟脉冲输入端。要求时钟频率不高于 640 kHz。
- REF(+)、REF(−)：基准电压。
- VCC：电源，+5 V。
- GND：地端。

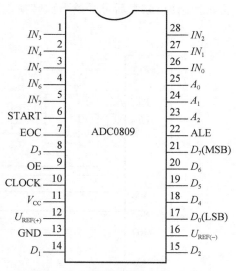

附图 9.21　ADC0809 芯片管脚图

3. 工作过程

首先输入 3 位地址，并使 ALE=1，将地址存入地址锁存器中。此地址经译码选通 8 路模拟输入之一到转换器。START 上升沿将逐次逼近寄存器复位。下降沿启动 A/D 转换，之后 EOC 输出信号变低，指示转换正在进行。直到 A/D 转换完成，EOC 变为高电平，指示 A/D 转换结束，结果数据已存入锁存器，这个信号可用作中断申请。当 OE 输入高电平时，输出三态门打开，转换结果的数字量输出到数据总线上。

4. MCS-51 单片机与 ADC0809 的硬件连接

ADC0809 与 MCS-51 单片机的一种连接方式是数据线对数据线、地址线对地址线的标准连接方式，如附图 9.22 所示。由于 ADC0809 片内没有时钟，可利用单片机提供的地址锁存信号 ALE 经 D 触发器两分频后获得，ALE 引脚的频率是单片机时钟频率的 1/6，如果单片机时钟频率采用 6 MHz，则 ALE 引脚的输出频率为 1 MHz，再经过两分频后为 500 kHz（在 C52 单片机中需要进行 2 次两分频），恰好符合 ADC0809 对时钟的要求。

由于 ADC0809 具有输出三态锁存器，其 8 位数据输出引脚可直接与数据总线连接。地址译码引脚 C、B、A 分别与地址总线的低 3 位 A_2、A_1、A_0 相连，以选通 $IN_0 \sim IN_7$ 中的一个通路。P2.7（地址线 A15）作为片选信号端，在启动 A/D 转换时，由单片机的写信号 WR 和 P2.7 引脚信号控制 ADC 的地址锁存和转换启动，由于 ALE 信号与 START 信号接在一起，这样连接使得在信号的前沿写入(锁存)通道地址，紧接着其后沿就启动转换。

在读取转换结果时，用低电平的读信号 RD 和 P2.7 引脚经 1 级"或非"门后，产生的正脉冲作为 OE 信号，用以打开三态输出锁存器。ADC0809 的转换结果寄存器在概念上定位为单片机外部 RAM 单元的一个只读寄存器，与通道号无关。因此读取转换结果时不必关心通道号如何。在编写程序时,将 EOC 端接到单片机的任意一个 I/O 接口上,进行判断是否转换结束,结束后可开始下次转换。

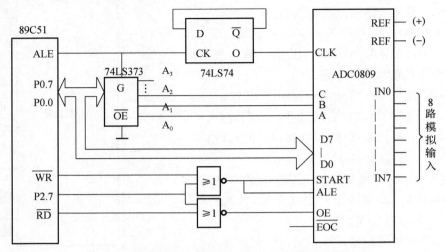

附图 9.22　数据线对数据线、地址线对地址线的参考连接

5.程序编写

(1)程序流程图

A/D 转换程序流程图如附图 9.23 所示。

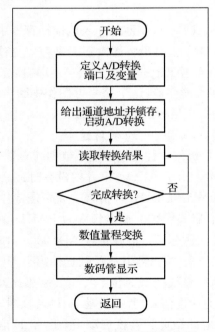

附图 9.23　A/D 转换程序流程图

(2)主函数参考

A/D 转换函数里需要控制寄存器选择模拟量输入口,还需要将转换后的值存在单片机内,进行输出显示。具体函数如下:

```
void ADswitch()
    {
        LE0= 1;
        P0= 0x00;
        LE0= 0;
        XBYTE[ADC+ n]= 0;
        MyDelay(100);
        while(P3_5= = 1);
        addata= XBYTE[ADC+ n];
        MyDisplay(addata);
    }
```

函数内有 XBYTE 这一关键字，此关键字相当于汇编语言中的 MOVX 指令，用于访问片外内存。单片机 P3.5 端口是用于判断 A/D 转换是否结束，结束才可进行下一次转换，否则等待结束。

6. 电路仿真图及结果

采用 Proteus 进行单片机仿真时，需要首先在 Keil 中建立工程、调试程序，并生产 hex 文件；然后在 Proteus 中绘制仿真电路，并双击 MCS-51 处理器，在弹出的对话框中加载刚刚生成的 hex 文件，即可进行运行仿真。

采用 Proteus 可以实现多种电子电路、MCS-51 单片机、ARM 嵌入式处理器的仿真设计，大家可以多探索、多实践。

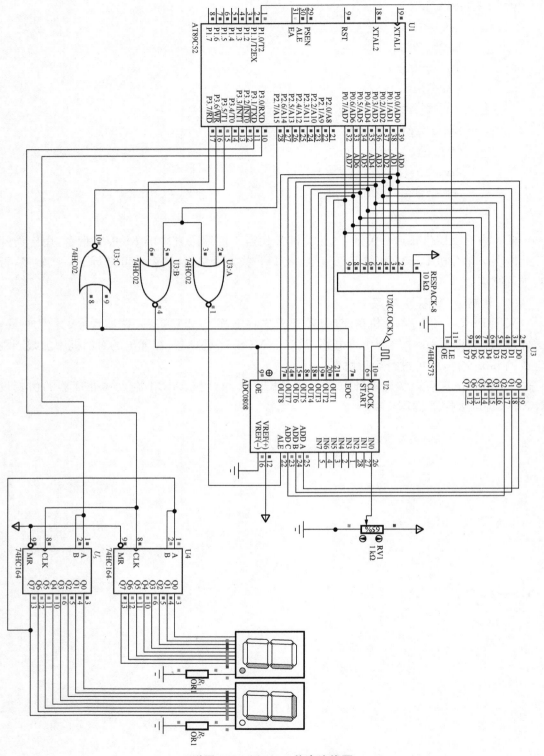

附图 9.24　Proteus 仿真连线图

附录 10　部分集成电路芯片引脚排列

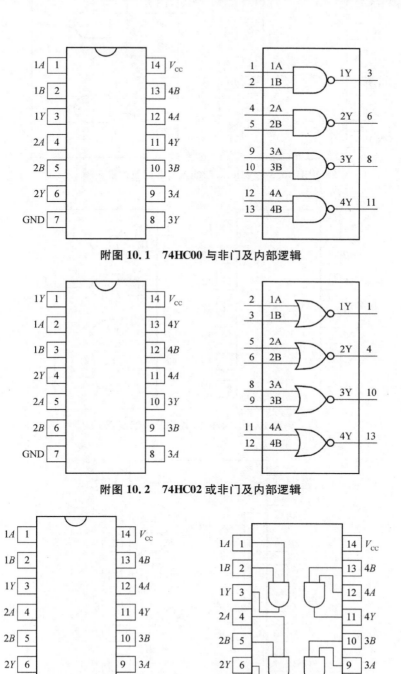

附图 10.1　74HC00 与非门及内部逻辑

附图 10.2　74HC02 或非门及内部逻辑

附图 10.3　74HC08 与门

附图 10.4　74HC09 与门(OD 门)

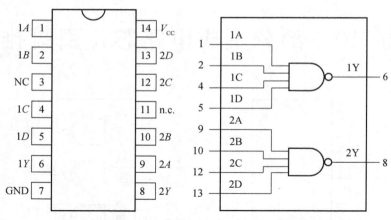

附图 10.5　74HC20 四输入与非门及内部逻辑

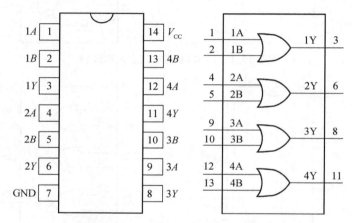

附图 10.6　74HC32 或门及内部逻辑

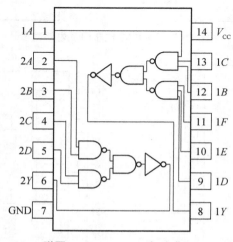

附图 10.7　74HC51 与或非门

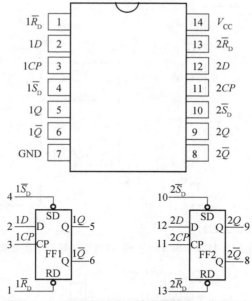

附图 10.8　74HC74 双 D 触发器管脚及内部逻辑

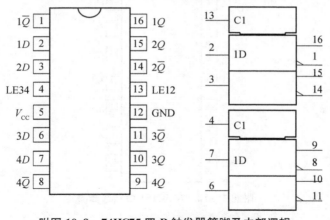

附图 10.9　74HC75 四 D 触发器管脚及内部逻辑

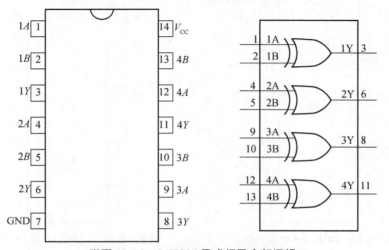

附图 10.10　74HC86 异或门及内部逻辑

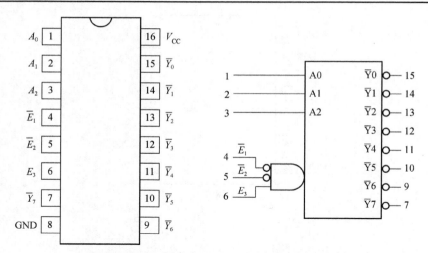

附图 10.11　74HC138 三线-八线译码器及管脚逻辑

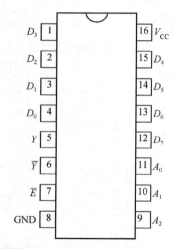

附图 10.12　74HC151 数据选择器

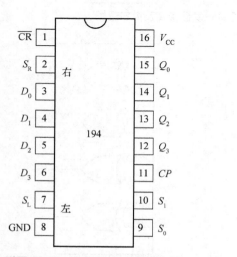

附图 10.13　74HC194 移位寄存器

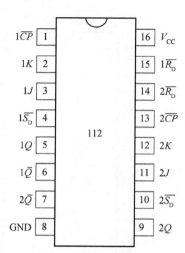

附图 10.14　74HC112 双 JK 触发器

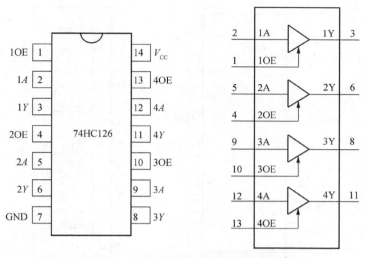

附图 10.15　74HC126 三态门及内部逻辑

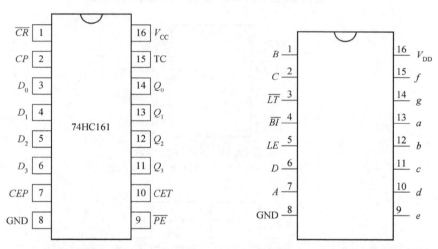

附图 10.16　74HC161 四位二进制计数器　　　　附图 10.17　CD4511 显示译码器

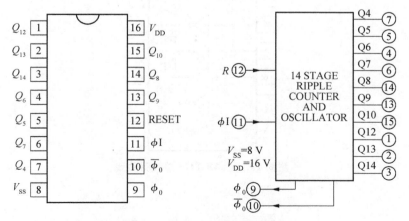

附图 10.18　CD4060 分频计数器

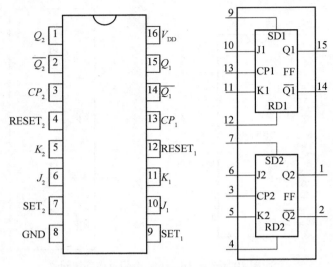

附图 10.19　CD4027 双 JK 触发器及内部逻辑

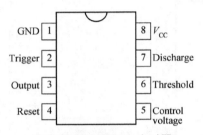

附图 10.20　NE555 定时器

2 脚是 1/3 电压门限　　6 脚是 2/3 电压门限

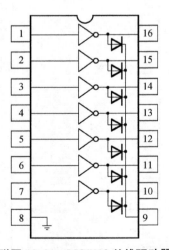

附图 10.21　MC1413 总线驱动器

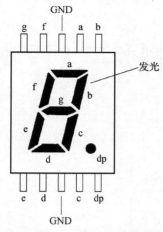

附图 10.22 七段数码管管脚图

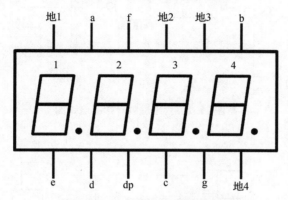

附图 10.23 四位七段数码管管脚

附录 11　六十进制和二十四进制计数器电路图

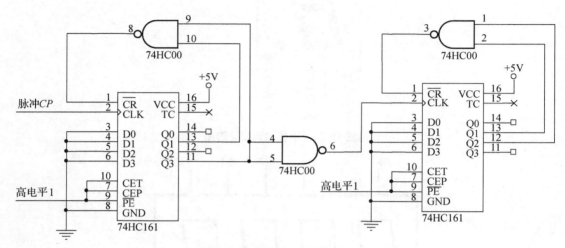

附图 **11.1**　六十进制计数器电路图

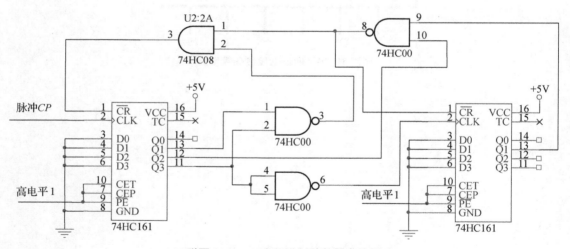

附图 **11.2**　二十四进制计数器电路图